Berichte aus dem
Institut für Umformtechnik
der Universität Stuttgart

Herausgeber: Prof. Dr.-Ing. K. Lange

68

Hans Glöckl

Rechnerunterstützte Optimierung des Tiefziehens unregelmäßiger Blechteile

Mit 62 Abbildungen

Springer-Verlag
Berlin Heidelberg New York Tokyo 1983

Dipl.-Ing. Hans Glöckl
Institut für Umformtechnik
Universität Stuttgart

Dr.-Ing. Kurt Lange
o. Professor an der Universität Stuttgart
Institut für Umformtechnik

D 93

ISBN-13:978-3-540-12522-8   e-ISBN-13:978-3-642-82074-8
DOI: 10.1007/978-3-642-82074-8

Gesamtherstellung: Copydruck GmbH, Offsetdruckerei, Industriestraße 1-3, 7251 Heimsheim, Telefon 0 70 33/38 25-26
2362/3020—543210

Die Umformtechnik zeichnet sich durch sehr gute Werkstoffaus-
wertung und hohe Mengenleistung in der Serienfertigung gegenüber anderen Fertigungsverfahren aus, wobei Beibehaltung der
Masse, Änderung der Festigkeitseigenschaften während eines Vorgangs und elastische Rückfederung der Werkstücke nach einem
Vorgang wesentliche Merkmale sind. Weiter sind die benötigten
Kräfte, Arbeiten und Leistungen sehr viel größer als z.B. bei
spanenden Verfahren. Die sichere Beherrschung eines Verfahrens
in der industriellen Fertigung und die zunehmende Forderung
nach Vermeidung bzw. Minimierung spanender Nacharbeit erzwingen
die geschlossene Betrachtung des Systems "Umformende Fertigung"
unter zentraler Berücksichtigung plastizitätstheoretischer,
werkstoffkundlicher und tribologischer Grundlagen.

Das Institut für Umformtechnik der Universität Stuttgart stellt
entsprechend Forschung und Entwicklung zum einen auf die Erar-
beitung von Grundlagenwissen in diesen Bereichen ab, zum anderen
untersucht und entwickelt es Verfahren unter Anwendung speziel-
ler Meßtechniken mit dem Ziel einer genauen quantitativen Ermittlung des Einflusses der Parameter von Vorgang, Werkstoff,
Werkzeug und Maschine. Die Behandlung von Problemen des Maschi-
nenverhaltens, der Maschinenkonstruktion sowie der Werkzeugaus-
legung und -beanspruchung, der Auswahl hochbeanspruchbarer,
verschleißfester Werkzeugbaustoffe und schließlich der Tribo-
logie gehört entsprechend ebenfalls zum Arbeitsgebiet, das
durch die Erfassung organisatorischer und betriebswirtschaft-
licher Fragen abgerundet wird.

Im Rahmen der "Berichte aus dem Institut für Umformtechnik" er-
scheinen in zwangloser Folge jährlich mehrere Bände, in denen
über einzelne Themen ausführlich berichtet wird. Dabei handelt
es sich vornehmlich um Abschlußberichte von Forschungsvorhaben,
Dissertationen, aber gelegentlich auch um andere Texte. Diese
Berichte sollen den in der Praxis stehenden Ingenieuren und
Wissenschaftlern zur Weiterbildung dienen und eine Hilfe bei
der Lösung umformtechnischer Aufgaben sein. Für die Studieren-

den bieten sie die Möglichkeit zur Vertiefung der Kenntnisse.
Die seit zwei Jahrzehnten bewährte freundschaftliche Zusammen-
arbeit mit dem Springer-Verlag sehe ich als beste Voraussetzung
für das Gelingen dieses Vorhabens an.

                                        Kurt Lange

Vorwort

Die vorliegende Arbeit entstand während meiner Tätigkeit als wissenschaftlicher Mitarbeiter am Institut für Umformtechnik der Universität Stuttgart.

Herrn Professor Dr.-Ing. K. Lange danke ich herzlich für sein Vertrauen, seine stete Unterstützung und kostbaren Anregungen bei der Anfertigung dieser Arbeit.

Herrn Professor Dr.-Ing. E. Steck bin ich für das dieser Untersuchung entgegengebrachte Interesse und für die wertvollen Hinweise, die zum Gelingen dieser Arbeit beitrugen, dankbar.

Darüber hinaus danke ich Herrn Dr.-Ing. K. Roll für wichtige Ratschläge und kritische Diskussionen. Ferner gilt mein Dank allen Mitarbeiterinnen und Mitarbeitern des Instituts für Umformtechnik und des Rechenzentrums der Universität Stuttgart, die zum Gelingen der Arbeit beigetragen haben.

Die Durchführung der Untersuchung wurde von der Deutschen Forschungsgemeinschaft gefördert, wofür ich gleichfalls zu Dank verpflichtet bin.

Stuttgart, März 1983

Hans Glöckl

Inhaltsverzeichnis

Verzeichnis der wichtigsten Abkürzungen und Formelzeichen

Größe	Einheit	Bedeutung
Ak	mm	Außenkontur
e	-	Exponentialfunktion
F	N	Kraft
H, h	mm	Höhe
Ik	mm	Innenkontur
k	N/mm^2	Schubfließgrenze
l_a	mm	Abwicklung (Eckenmittel- punkt - Ak)
l	mm	Länge
n	-	Verfestigungsexponent
R	mm	Radius
r_i, r_e	mm	Eckenradius
r_R	mm	Ringrundungsradius
s	mm	Blechdicke
s	-	Komponenten des Spannungs- deviators
T'	-	Spannungsdeviator
t	s	Zeit
V	-	Formänderungsgeschwindig- keitstensor
v	mm/s	Geschwindigkeit
X	-	Faktor
α	-	Winkel
α^*	-	Variable
β^*	-	Variable
ε	-	Formänderung
$\dot{\varepsilon}$	s^{-1}	Formänderungsgeschwindigkeit
ϑ	-	Winkel
λ	-	Proportionalitätsfaktor
μ	-	Reibzahl
σ	N/mm^2	Spannung
τ	N/mm^2	Schubspannung
φ	-	Winkel
ϕ	-	Umformgrad
ω	-	Winkel

Indizes

Ak	Außenkontur
B	Biege-
id	ideell
Ik	Innenkontur
k, l	Laufindizes
m	mittlere
N	Niederhalter
R	Reibung
s	Abstand Ik - Ak (Gerade)
sp	Spirale
v	Vergleich-
x, y, z	Koordinatenrichtungen
z	Zieh-
1, 2	Hauptrichtungen
I, II, III ...	Bereiche

0   Einführung

0.1   Problemstellung

In einer Zeit abgeschwächter wirtschaftlicher Entwicklung, ausgelöst durch knapper werdende Ressourcen, muß in der industriellen Produktion zur Erhaltung und Verbesserung der Konkurrenzfähigkeit verstärkt rationalisiert und automatisiert werden.

Innerhalb der industriellen Fertigung sind in den letzten Jahren und Jahrzehnten erhebliche Rationalisierungsmaßnahmen verwirklicht worden. Dies gelang jedoch in den Bereichen der Konstruktion und der Arbeitsvorbereitung nur in weit geringerem Maße. In der Fertigung wurden laufend neue Technologien und Verbesserungen eingeführt, während z. B. in der Arbeitsvorbereitung konventionelle Methoden und Hilfsmittel noch in größerem Umfang verbreitet sind. Erst mit der Mitte der 70er Jahre einsetzenden Leistungssteigerung der Datenverarbeitungsanlagen, in Verbindung mit starken Preissenkungen, standen auch mittlere bis kleine Rechenanlagen zu akzeptablen Preisen zur Verfügung.
Der Entwicklung von Hardware mit einer günstigen Preis-Leistungsrelation, folgte in den letzten Jahren ein starker Aufbau leistungsfähiger Software. Damit war die Voraussetzung für die Einführung von EDV-Anlagen auch in weiten Bereichen des industriellen Alltags geschaffen. Um ein adäquates Gegenstück zur schon früher begonnenen Entwicklung der numerischen Steuerungstechnik industrieller Prozesse auch in den die Fertigung vorbereitenden und verwaltenden Bereichen zu schaffen, wurde die Entwicklung einer Vielzahl von speziellen Programmen und Programmsystemen notwendig. Umfangreiche Arbeiten auf diesem Gebiet lassen sich bei der Konstruktion (CAD), der Arbeitsvorbereitung und Auftragsbearbeitung, registrieren.

Zur Optimierung von Fertigungsverfahren werden bereits in größerem Maße Berechnungsverfahren entwickelt und angewendet. Während im engeren Bereich der mechanischen Umformtechnik, speziell innerhalb der Massivumformung, diese Entwicklung

bereits weiter vorangeschritten ist, gibt es in der Blechbe-
arbeitung nur wenige rechnergestützte Methoden der Verfahrens-
optimierung.

Bei der Einführung von Rechnerunterstützung für Verfahren der
industriellen Fertigungstechnik kann allgemein die Tendenz be-
obachtet werden, daß es zunächst nur gelingt, für spezielle,
eng begrenzte Probleme Lösungen zu entwickeln. Während die
Problemstellung bei Verfahren mit stark variierenden Geometrien
der Werkstücke wesentlich komplexer ist.

Beim Tiefziehen, dem wohl bedeutendsten Verfahren der Blechum-
formung, stellt die Ermittlung der Kontur der Platine bei unregelmäßigen Ziehteilen ein solches Problem dar. Die Bestimmung
der Platinenform kann bisher nur zeitaufwendig und manuell mit
konventionellen Methoden durchgeführt werden.

0.2   Stand der Erkenntnisse

Die Platinenform von regelmäßigen Ziehteilen kann errechnet
werden [1, 2]. Im einfachsten Fall eines kreisrunden Napfes
nimmt die Platine Kreisform an. Der Radius dieses Kreises wird
über die Annahme der Oberflächenkonstanz von Platine und Napf
bestimmt (siehe Kapitel 2.2).

Für allgemeine rotationssymmetrische und rechteckige Ziehteile
gibt es eine Reihe von konventionellen, manuellen Verfahren,
welche mit der Praxis gut übereinstimmende Zuschnittsformen
liefern. In [1] wird für allgemeine runde Ziehteile empfohlen,
eine Aufteilung des Napfes in einzelne Elemente vorzunehmen und
die Anteile des Zuschnittsradius stückweise zu bestimmen. Die
wichtigsten Formelemente sind dazu in Tabellen zusammengestellt.

Für rechteckige Formen nennt derselbe Autor [1] ein vom AWF
[3] vorgeschlagenes Verfahren. Es beruht auf der Zerlegung des
rechteckigen Hohlteiles in flächengleiche Elemente. Ältere
Verfahren von verschiedenen Autoren werden in den frühen Aufla-
gen von [1] ausführlich beschrieben. Weitere Verfahren werden
in [2, 4, 5] genannt.

Bei all diesen Verfahren [1, 2] gilt nach [6] die Annahme, der Werkstoff forme sich während des Tiefziehens mit gleichbleibender Blechdicke um, daher darf die Oberfläche des Zuschnitts mit der des Ziehteiles gleichgesetzt werden.

Diese Verfahren lassen sich z. T. näherungsweise auf bestimmte unregelmäßige Teile, wie z. B. ein beliebiges Vieleck, anwenden.

Das in [6] beschriebene Verfahren der Zuschnittsermittlung mit Hilfe der Gleitlinientheorie ist dagegen prinzipiell geeignet, Zuschnitte für ausgewählte,unregelmäßige Ziehteile zu bestimmen. Dabei wird auf der gegebenen Innenkontur eines Napfes ein zulässiges Gleitlinenfeld errichtet. In Abhängigkeit von der gewünschten Napfhöhe ist sodann ein Punkt der Zuschnittsform gegenüber einem kreisförmigen Abschnitt der Innenkontur auf konventionelle Art, wie bei einem regelmäßigen Teil, zu bestimmen. Die Zuschnittsform entsteht dann als Schnittlinie durch den Außenkonturpunkt mit den Gleitlinien unter einem Winkel von 45 °.

Dabei entsteht aber, wie bei den zuvor genannten Verfahren, auch ein mit der Komplexität der Teilegeometrie rasch zunehmender, manueller Konstruktions- und Rechenaufwand, verbunden mit einer schnell abnehmenden Genauigkeit der ermittelten Werte.

Bei beliebigen unregelmäßigen Ziehteilen wird, wie ebenfalls in [1] dargestellt, zunächst eine Schätzung der zu erwartenden Formänderungen und ein Probezug mit der Endform durchgeführt, bevor man den Formschnitt für die Platine herstellt. Zur Zuschnittsermittlung werden durch die Ziehteilform mehrere parallele und dazu senkrechte, sich kreuzende Schnittebenen gelegt. Für einen solchen Schnitt wird dann die Blechquerschnittslinie zu einer Geraden abgewickelt.

Die Zuschnittsermittlung von großen,allgemein unregelmäßigen Blechteilen verschiedener Wölbung ist daher schwierig. Die Form und Größe werden durch Probieren bestimmt, da eine genaue Berechnung bis jetzt praktisch noch nicht möglich ist [7].

In [8] wurde die Brauchbarkeit der Gleitlinienmethode anhand
einiger einfacherer Formen und in [6] im Vergleich zu anderen
konventionellen Verfahren der Zuschnittsermittlung nachgewie-
sen.

0.3   Zielsetzung

Ziel der Untersuchung ist es, einen Beitrag zur rationelleren
Arbeitsvorbereitung beim Tiefziehen unter Einsatz elektroni-
scher Datenverarbeitungsanlagen für das Blechumformen unregelmäßiger Ziehteile zu leisten. Zentraler Aspekt soll dabei die
Ermittlung der optimalen Zuschnittsform für unregelmäßige
Teile sein. Plastizitätstheoretische Grundlage ist die Gleitlinientheorie.

Die in [6] vorgestellte manuelle Methode der Zuschnittsermittlung ist für die Bestimmung der Zuschnittsform von komplizier-
teren Teilen wegen des unvertretbar großen Zeitaufwandes in
der Praxis nur bedingt geeignet. Daher soll das Verfahren zur
Bestimmung der Zuschnittsform unregelmäßiger Ziehteile mit Hilfe der Gleitlinientheorie [6] zunächst erweitert, verbessert
und für die Belange einer rechentechnischen Anwendung modifiziert werden.

Der Aufbau eines Programmsystems zur Rechnerunterstützung beim
Tiefziehen soll schrittweise erfolgen. Zunächst sollen die in
[6] gezeigten Lösungen für spezielle einfache Teilegeometrien,
z. B. eine quadratische Ziehform, programmiert werden, um
Erfahrung bei der rechnerunterstützten Konstruktion bestimmter
Gleitlinienfelder und Konturlinien zu gewinnen. Der zweite
Schritt soll die möglichst einfache Erfassung von beliebigen
Teilegeometrien, die Eingabe und die Kontrolle dieser Informationen in den Rechner sein. Die zuvor gesammelten Erfahrungen
bei der Konstruktion von Gleitlinienfeldern sollen sodann in
ein modular aufgebautes Programmsystem einfließen, das zunächst im Stapel- und später im Dialogbetrieb die Ermittlung
von optimierten Zuschnittsformen für ein zu definierendes Teilespektrum unregelmäßiger Ziehteile ermöglicht.

Darüber hinaus soll das einmal generierte Gleitlinienfeld dazu
dienen, eine Spannungs- und Bewegungsanalyse beim Tiefziehen
durchzuführen. In diesem Zusammenhang sind auch Überlegungen
bezüglich der Einflüsse von Anisotropie, Reibung und Verfestigung und eventuell deren mögliche Berücksichtigung anzustellen,
mit dem Ziel, eine weitgehend optimierte Zuschnittsform zu erreichen.

Mit einer experimentellen Überprüfung der Ergebnisse des
Programmsystems soll die Brauchbarkeit der theoretisch ermittelten Werte kontrolliert werden. In einer Fehlerabschätzung
ist die Größenordnung der zu erwartenden Abweichung des realen
Vorganges von dem der Theorie zugrundeliegenden mathematischen
Modell festzustellen, um Aussagen hinsichtlich des zu erwartenden Fehlers bei anderen Geometrien zu ermöglichen.

In ökonomischer Hinsicht besteht die Zielsetzung der Arbeit in
einer Senkung der Arbeitsvorbereitungskosten durch Verringerung des manuellen Aufwandes bei der Zuschnittsermittlung.
Kosteneinsparungen müßten durch

- eine schnellere und bessere Lösung der Zuschnittsermittlung,
- einen verringerten Versuchsaufwand bei der Auslegung
  des Platinenschnittwerkzeuges,
- weniger Werkstoffabfall,
- Verwenden von Tiefziehblechen geringerer Qualität und
- eine Optimierung des Ziehvorganges

erreicht werden können.

Das Rechnerprogramm muß dabei so strukturiert sein, daß es
möglichst universell benutzt werden kann, d. h. es soll einer-
seits für sich allein angewendet werden können und andererseits aber die Möglichkeit der Integration in ein fachspezifi-
sches Softwaresystem erlauben. Darüber hinaus sind eine möglichst hohe Benutzerfreundlichkeit und gute Installationsvor-
aussetzungen des Programmes anzustreben.

Am Schluß der Arbeit soll ein Programmsystem zur Verfügung

stehen, das für ein eingeschränktes Teilespektrum von unregelmäßigen Ziehteilen kostensenkend bei der Vorbereitung der
Tiefziehvorgänge eingesetzt werden kann.

1   Theoretische Grundlagen

In diesem Kapitel sollen lediglich die wichtigsten Gesichtspunkte der theoretischen Grundlagen dargestellt werden, die
für die gesamte Arbeit bedeutend sind.

Weiterführende Abhandlungen über die plastomechanischen
Grundlagen entsprächen nicht den Intentionen dieser Ausführungen, im übrigen sei hierzu auf eine umfangreiche Literatur
verwiesen [9, 10, 11, 12, 13, 14, 15, 16, 17, 18, 19 u. v. a.
m.].

1.1   Allgemeines

Auf der Grundlage der v. Misesschen Plastizitätstheorie sollen
für das ideal-starrplastische, inkompressible und isotrope
Werkstoffmodell die Grundgleichungen formuliert werden.

Im Gegensatz zur Elastomechanik, wo ein Spannungszustand
eindeutig einen Formänderungszustand hervorruft, wird in der
Plastomechanik durch einen Spannungszustand eindeutig ein
Geschwindigkeitszustand erzeugt. Formänderungen spielen nur
insoweit eine Rolle, wie sie neben Temperatur und Umformge-
schwindigkeit Einfluß auf die Festigkeit des Werkstoffes haben.
Die Zuordnung der Spannung σ zur Geschwindigkeit v bezeichnet
man als inkrementell, weil man für ein festes Zeitdifferential
dt auch $\sigma \rightarrow vdt = d\varepsilon$ schreiben (dadurch die Zeit eliminieren)
und σ direkt ein Formänderungsinkrement $d\varepsilon$ zuordnen kann [18].

Die Untersuchung der plastomechanischen Vorgänge beim Tiefziehen ist bei der vorliegenden Arbeit auf den Bereich zwischen
Innen- und Außenkontur einer Zuschnittsform beschränkt. (Unter Innenkontur wird hierbei die Form des Ziehstempelumfangs
an seiner Stirnseite ohne Berücksichtigung des Stempelrundungs-
radius verstanden.)
Diese Beschränkung auf den momentanen Flansch des Teiles erscheint vertretbar, da die Verformungen im Boden und Zarge als
klein im Vergleich zur Umformung im Flansch anzusehen sind.

Der so vereinfachte Vorgang Tiefziehen kann als ebene Formänderung angesehen werden.

Der ebene Formänderungszustand liegt vor, wenn sich ein rechtwinkeliges, kartesisches Koordinatensystem so in den Körper legen läßt, daß in Richtung einer Koordinatenachse keine Werkstoffbewegung auftritt [20]. Dies ist für den Flansch zwischen Ziehring und Niederhalter näherungsweise erfüllt.

Daraus ergibt sich folgende Geschwindigkeitsverteilung:

$$v_x = v_x \, (x, \, y),$$
$$v_y = v_y \, (x, \, y), \tag{1}$$
$$v_z = 0.$$

Der Spannungs- und der Formänderungszustand sind somit von z unabhängig.

Der Formänderungsgeschwindigkeitstensor ergibt sich zu

$$V = \begin{pmatrix} \dot{\varepsilon}_x & \dot{\varepsilon}_{xy} & 0 \\ \dot{\varepsilon}_{xy} & \dot{\varepsilon}_y & 0 \\ 0 & 0 & 0 \end{pmatrix}. \tag{2}$$

Mit dem v. Misesschen Stoffgesetz, welchem das ideal-starr-plastische Werkstoffmodell zugrunde liegt.

$$
\begin{aligned}
V &= 0 && \text{für } J_2 < k^2, \\
V &= \lambda \cdot T' && \text{für } J_2 = k^2
\end{aligned}
\qquad
\begin{aligned}
&\text{mit } J_2: \text{2. Invariante} \\
&\text{des Spannungsdeviators } T' \\
&J_2 = s_{xy}^2 - s_x s_y
\end{aligned}
\tag{3}
$$

folgt

$$
\begin{aligned}
s_z &= \sigma_z - \sigma_m & = 0, \\
s_{xz} &= \mathcal{T}_{xz} & = 0, \\
s_{yz} &= \mathcal{T}_{yz} & = 0,
\end{aligned}
\tag{4}
$$

und damit nimmt der Spannungsdeviator die Form an:

$$T' = \begin{pmatrix} s_x & s_{xy} & 0 \\ s_{xy} & s_y & 0 \\ 0 & 0 & 0 \end{pmatrix}. \tag{5}$$

Da die Schubspannungen $\mathcal{T}_{xz}$ und $\mathcal{T}_{yz}$ überall verschwinden, ist die Richtung der z-Achse Hauptrichtung mit der Hauptspannung σ_z [20].

Damit ergibt sich

$$\sigma_z = \sigma_m \quad \text{mit } \sigma_m = \frac{\sigma_x + \sigma_y + \sigma_z}{3} \tag{6}$$

die mittlere Normalspannung σ_m und die Spannung σ_z zu

$$\sigma_m = \sigma_z = \frac{\sigma_x + \sigma_y}{2}. \tag{7}$$

Die Kontinuitätsgleichung hat die Form

$$\frac{\partial v_x}{\partial x} + \frac{\partial v_y}{\partial y} = 0 \tag{8}$$

und die Gleichgewichtsbedingungen lauten

$$\frac{\partial \sigma_x}{\partial x} + \frac{\partial \mathcal{T}_{xy}}{\partial y} = 0,$$

$$\frac{\partial \mathcal{T}_{xy}}{\partial x} + \frac{\partial \sigma_y}{\partial y} = 0. \tag{9}$$

Die v. Misessche Fließbedingung

$$J_2 = s^2{}_{xy} - s_x s_y = k^2 \tag{10}$$

nimmt mit

$$s_x = \sigma_x - \frac{1}{2}(\sigma_x + \sigma_y) = \frac{1}{2}(\sigma_x - \sigma_y),$$

$$s_y = \sigma_y - \frac{1}{2}(\sigma_x + \sigma_y) = -\frac{1}{2}(\sigma_x - \sigma_y) \tag{11}$$

die Form

$$\frac{1}{4}(\sigma_x - \sigma_y)^2 + \mathcal{T}_{xy}{}^2 = k^2 \tag{12}$$

an.

Die Fließbedingungen nach v. Mises und Tresca lauten für den ebenen Formänderungszustand identisch und nehmen für ein Hauptachsensystem die Form

$$\frac{\sigma_1 - \sigma_2}{2} = k, \qquad (13)$$

an [20].

1.2 Gleitlinientheorie

Für den in Abschnitt 1.1 beschriebenen ebenen Formänderungszustand stellt die Gleitlinientheorie ein spezielles Lösungs-
verfahren dar. Die wichtigsten Grundlagen und Überlegungen sollen im folgenden nur kurz dargestellt werden, darüber hinaus
sei auf die Literaturquellen [6, 13, 16, 20, 21, 22] verwiesen.

Bei der Analyse eines ebenen Formänderungszustandes gelte die
in Bild 1 vereinbarte Vorzeichenregel [20].

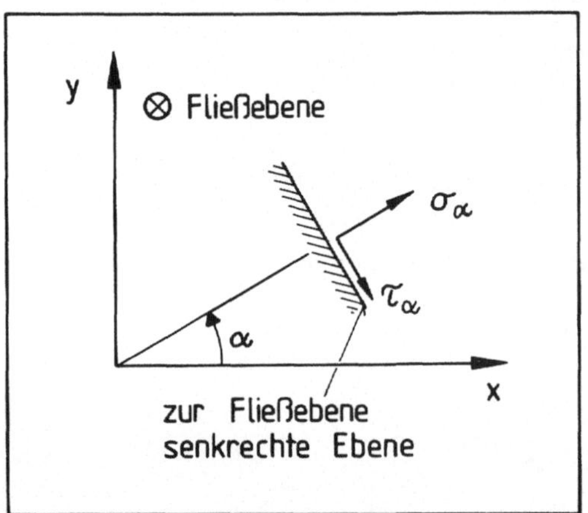

Bild 1: Vorzeichenvereinbarung für die Spannungen.

Die Normalspannung σ_α und die Schubspannung τ_α, welche in
einer Fläche senkrecht zur Fließebene wirken, sind durch

$$\sigma_\alpha = \sigma_x \cos^2\alpha + \sigma_y \sin^2\alpha + 2\tau_{xy}\cos\alpha \sin\alpha$$

und $\qquad\qquad (14)$

$$\tau_\alpha = (\sigma_x - \sigma_y) \sin\alpha \cos\alpha + \tau_{xy} (\sin^2\alpha - \cos^2\alpha)$$

gegeben [20].

Die Gleichungen (14) stellen in einem σ-$\mathcal{T}$-Koordinatensystem
die Parameterdarstellung des Mohrschen Kreises (Bild 2 b) dar.
Regel für den Mohrschen Kreis: Betrachtet man die Spannungen
in zwei Schnitten der Fließebene (Bild 2 a), die durch Drehung
um den Winkel α auseinander hervorgehen, so werden sie im
Mohrschen Kreis (Bild 2 b) durch zwei Punkte repräsentiert,
für die vom Mittelpunkt zu diesen Punkten gezogenen Strahlen
durch eine Drehung um den Winkel 2 α auseinander hervorgehen
[20].

Die mittlere Normalspannung σ_m und die Spannung σ_z (7) entsprechen der Abszisse des Mittelpunkts des Mohrschen Kreises.
Sein Halbmesser ist gleich der Schubfließgrenze k.

Für die Punkte M und $\bar{M}$ in Bild 2 treten keine Schubspannungen
auf, hingegen nimmt die Normalspannung einen Größt- bzw.
Kleinstwert an. In den zugehörigen Schnitten wirken also die
Hauptspannungen σ_{max} und σ_{min}. Schneidet man die Ebene,in der
die größte Normalspannung auftritt mit der x, y-Ebene, so bezeichnet man die Richtung der Schnittlinie als erste Hauptrichtung. (Die zweite Hauptrichtung wird durch die kleinste
Normalspannung bestimmt.) Die Richtungen, in denen Extremwerte
der Schubspannung und Normalspannungen des Betrages σ_m auftreten (im Bild 2 durch S und T bezeichnet), werden Gleitrichtungen genannt.
Die erste Gleitrichtung wird aus der ersten Hauptrichtung durch
eine Drehung um $\mathcal{T}/4$ entgegen dem Uhrzeigersinn erhalten. (Ent-
sprechendes gilt für die zweiten Richtungen [6, 20 u. a.].)

Kurven, die in jedem Punkt die erste oder die zweite Gleitrichtung als Tangentenrichtungen haben, werden als erste bzw.
zweite Gleitlinien bezeichnet. Sie bilden, da die erste und die
zweite Gleitrichtung überall senkrecht aufeinander stehen,
zwei orthogonale Kurvenscharen, das sog. Gleitliniennetz [20].

Die Spannungen müssen den Gleichgewichtsbedingungen (9) und der
Fließbedingung (12) bzw. (13) genügen; zusammen mit den Spannungsrandbedingungen kann somit bei statisch bestimmten

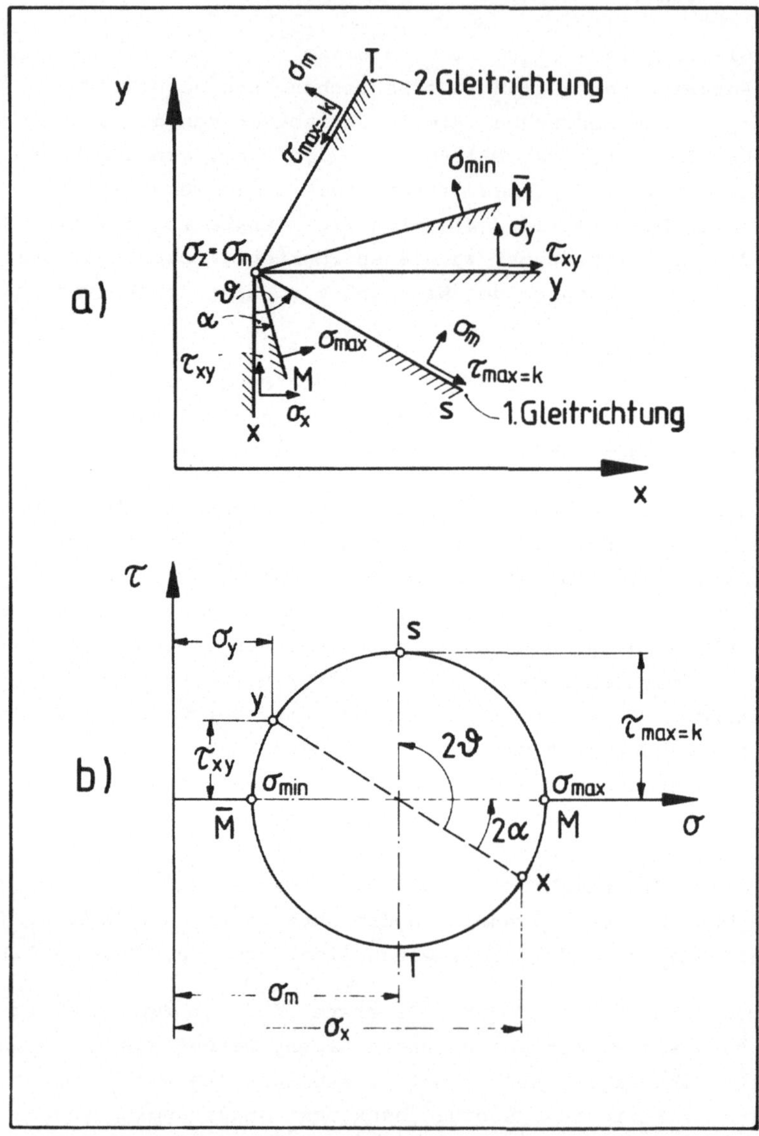

Bild 2: Spannungsverteilung für ebene ideal-starrplastische
Formänderungen
a) physikalische Ebene
b) Spannungsebene, Mohrscher Kreis.

Problemen das Gleitlinienfeld festgelegt werden.
Darüber hinaus muß noch die Verträglichkeit des zum Gleitlinienfeld gehörenden Geschwindigkeitsfeldes mit den kinematischen Randbedingungen überprüft werden.

Aus Bild 2 b) können die Gleichungen

$$\sigma_x = 2\,k\,\omega + k\sin 2\,\vartheta,$$
$$\sigma_y = 2\,k\,\omega - k\,\sin 2\,\vartheta, \qquad \omega = \frac{\sigma_m}{2k} \qquad (15)$$
$$\mathcal{T}_{xy} = -\,k\,\cos 2\,\vartheta,$$

mit $\sigma_m = 2\,k\,\omega$ und elementaren Winkelbeziehungen, entnommen
werden. Diese Gleichungen (15), welche der Fließbedingung (12)
genügen, eingesetzt in die Gleichgewichtsbedingungen (9), führen nach entsprechendem partiellen Differenzieren und Umformen, wie z. B. in [6, 16] gezeigt, auf das auch in [13] genannte partielle Differentialgleichungssystem

$$\frac{\partial \omega}{\partial x} + \cos 2\,\vartheta\,\frac{\partial \vartheta}{\partial x} + \sin 2\,\vartheta\,\frac{\partial \vartheta}{\partial y} = 0,$$

$$(16)$$

$$\frac{\partial \omega}{\partial y} - \cos 2\,\vartheta\,\frac{\partial \vartheta}{\partial y} + \sin 2\,\vartheta\,\frac{\partial \vartheta}{\partial x} = 0.$$

Die Lösung des Gleichungssystems (16) nach der Charakteristi-
kenmethode [23, 24] führt zu dem Ergebnis

$$\frac{dy}{dx} = \tan \vartheta = \tan (\alpha + \pi/4),$$

$$(17)$$

$$\frac{dy}{dx} = -\cot \vartheta = \tan (\alpha - \pi/4)$$

$$\text{mit } \omega \pm \alpha = \text{const}$$

entsprechend [6, 16]. Damit sind zwei Scharen von Charakteristiken gegeben, mit den in Bild 3 dargestellten Winkelbeziehungen zwischen Hauptspannungen und Gleitrichtungen.

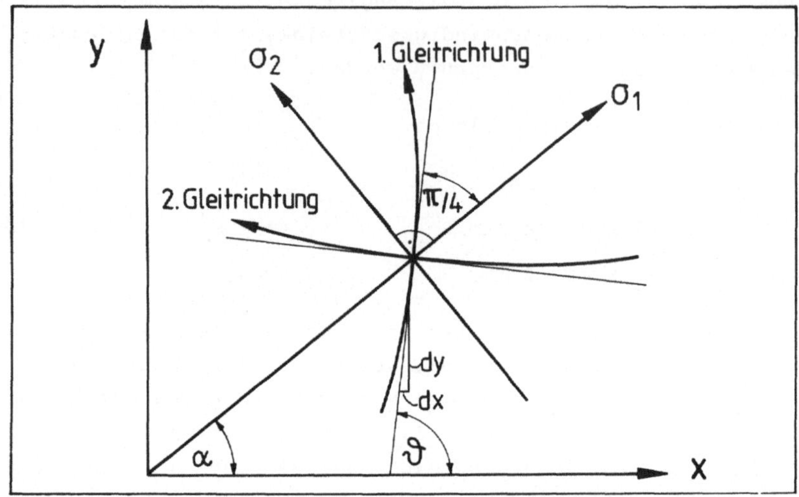

Bild 3: Winkelbeziehungen zwischen Gleitlinien- und
Hauptrichtungen.

Das Gleichungssystem (16) gehört damit zur Klasse der hyper-
bolischen Differentialgleichungen [16, 24]. Aus der Tatsache,
daß die Charakteristiken der x, y-Ebene unter dem Winkel
($\alpha \pm \pi /4$) zur x-Achse geneigt sind, genau wie die Gleitlinien,
folgt, daß die Charakteristiken der x,y-Ebene identisch mit
den Gleitlinien sind [6, 16].

Mit der Einführung von Funktionen $\alpha^* = \alpha^*$ (x, y) und $\beta^* = \beta^*$ (x,y)
gleich konstant, wird eine Zuordnung von x, y und dem Netz
der Charakteristiken definiert [6].

Damit wird das Netz der orthogonalen Charakteristiken (Gleitliniennetz) als Koordinatensystem verwendet und die Größen
x, y, ω, α als Funktionen von α^* und β^* betrachtet.

Mit den neuen Variablen ξ und η , welche mit α und ω durch

$$\xi = \omega + \alpha = \text{const} \qquad\qquad \eta = \omega - \alpha = \text{const} \qquad\qquad (18)$$

entlang einer I.Gleitlinie,   entlang einer II.Gleitlinie

verknüpft sind, lassen sich die Gleichungen (17) in die Form eines kanonischen Systems bringen, welches die beliebigen Funktionen

$$\xi \, (\alpha^*) = \omega + \alpha, \qquad\qquad \eta \, (\beta^*) = \omega - \alpha \qquad\qquad (19)$$

enthält und folgende Form aufweist [6, 16]:

$$\frac{\partial y}{\partial \beta^*} = \tan (\alpha + \pi/4) \frac{\partial x}{\partial \beta^*},$$

$$\frac{\partial y}{\partial \alpha^*} = \tan (\alpha - \pi/4) \frac{\partial x}{\partial \alpha^*}. \qquad\qquad (20)$$

Diese Gleichungen sind, ersetzt man α^* und β^* durch ξ und η , sodann mittels numerischer Integration in Differenzengleichungen der Form

$$y_{k,1} - y_{k,1-1} = (x_{k,1} - x_{k,1-1}) \tan (\alpha_{k,1-1} + \pi/4)$$

$$y_{k,1} - y_{k-1,1} = (x_{k,1} - x_{k-1,1}) \tan (\alpha_{k-1,1} - \pi/4) \qquad\qquad (21)$$

überzuführen [6]. Dabei sind die Indizes k, l laufende Nummern der Charakteristiken der ersten (k) bzw. der zweiten (l) Schar. Die Gleichungen (21) sind geeignet, Schnittpunkte der Gleitliniennetze zu ermitteln.

Bezüglich der Änderung des Spannungszustandes im Gleitlinienfeld sei auf die Beziehung von Hencky [9]

$$\delta \sigma_m = 2 k \, \delta \vartheta \qquad\qquad (22)$$

verwiesen. Verbal läßt sich diese etwa folgendermaßen formulieren:

Die Änderung der mittleren Spannung entlang einer
Gleitlinie ist gleich der Änderung des Winkels

der Tangente an die Gleitlinie multipliziert
mit 2 k.

Damit kann, bei Kenntnis der Spannungen in einem Punkt des
Gleitlinienfeldes (z. B. als Randbedingung),der Spannungszustand im gesamten Feld ermittelt werden.

Über die Spannungsverteilung hinaus erlaubt die Gleitlinientheorie auch eine detaillierte Aussage über den Geschwindigkeitszustand innerhalb eines Gleitlinienfeldes.
Das v. Misessche Stoffgesetz (3) setzt die Formänderungsgeschwindigkeit proportional zum Spannungsdeviator. Damit sind
die Richtungen der maximalen Schubspannung und der maximalen
Dehnungsgeschwindigkeiten für den Fall ebenen plastischen
Fließens identisch. Die quer zur Gleitlinie übertragenen Normalspannungen sind gleich der mittleren Normalspannung und
die entsprechenden Normalkomponenten des Spannungsdeviators
verschwinden.
Daraus folgt, daß für ein Linienelement in Gleitrichtung die
Dehnungsgeschwindigkeit verschwinden muß [13, 15].
Die Herleitung bei Prager und Hodge [15] führt auf die Beziehungen

$$dv_1 - v_2 d\vartheta = 0,$$
$$dv_2 + v_1 d\vartheta = 0,$$

(23)

welche auf Geiringer [11, 12] zurückgehen.
In [15] findet sich dazu die abgeleitete Differenzenbeziehung

$$v_1 (1, 2) = v_1 (1,1) + v_2 (1,1) [\vartheta (1,2) - \vartheta(1,1)] \quad (24)$$

zur Bestimmung der Geschwindigkeitskomponente v_1 in Richtung
der ersten Gleitlinie (analog für die zweite Gleitlinie).
Damit kann bei einer gegebenen Geschwindigkeitsrandbedingung
näherungsweise eine komplette Geschwindigkeitsverteilung für
ein bestehendes Gleitlinienfeld ermittelt werden.

Bild 4 a), b) veranschaulicht diese Überlegungen [15]. Für
den Fall, daß die Gleitlinien in analytisch geschlossener
Form angegeben werden können, lassen die Differentialgleichun-

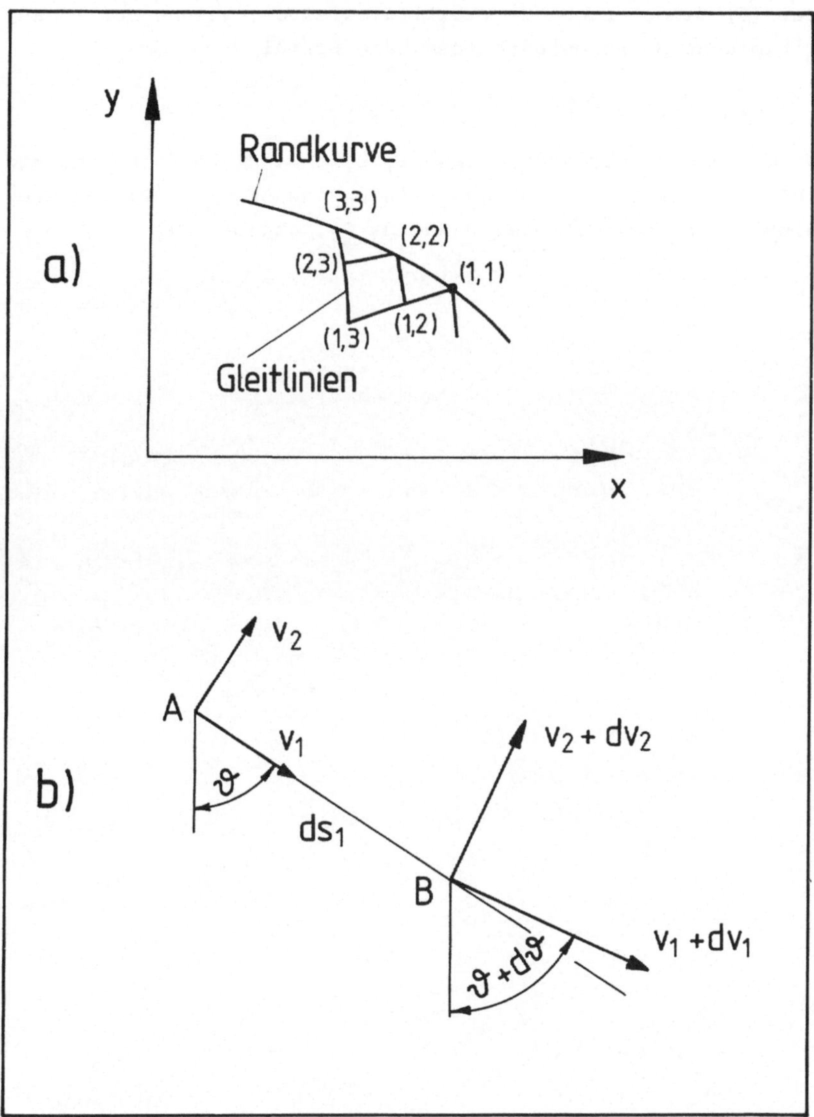

Bild 4: Ermittlung der Geschwindigkeitsverteilung
a) Gleitlinienfeld mittels Gitterkonstruktion
b) Dehnungsgeschwindigkeiten längs einer Gleitlinie.

gen (23) unter Umständen eine spezielle Lösung zu.
Bei [6] findet sich für Gleitlinienfelder, welche nur logarithmische Spiralen enthalten, die Formel

$$v_p = v_{St}\, r_i / \rho \, , \tag{25}$$

welche die resultierende radiale Geschwindigkeit in Abhängigkeit von der Geschwindigkeitsrandbedingung v_{St}, dem Innenra-
dius r_i und dem momentanen Radius ρ , angibt.

2.1   Tiefziehvorgang

Tiefziehen gehört nach DIN 8584 [25] zu den Verfahren des Zug-
druckumformens. Der plastische Zustand in der Umformzone wird
durch eine Kombination von Zug- und Druckbeanspruchung herbei-
geführt [20]. In DIN 8584 wird Tiefziehen wie folgt definiert:
Tiefziehen ist Zugdruckumformen eines Blechzuschnitts zu einem
Hohlkörper oder eines Hohlkörpers zu einem Hohlkörper mit klei-
nerem Umfang ohne beabsichtigte Veränderung der Blechdicke.

In Bild 5 [20] ist das Tiefziehen eines Blechzuschnittes zu
einem runden zylindrischen Hohlkörper schematisch dargestellt.
Zuerst wird durch Niederhalter und Ziehring die erforderliche
Niederhalterkraft aufgebracht, um ein Ausknicken mit Falten-
bildung im Blechzuschnitt infolge auftretender tangentialer
Druckspannungen zu verhindern. Über den Ringrundungsradius
wird dann beim Eintauchen des Stempels in den Ziehring der ebene Blechzuschnitt in einen Hohlkörper umgeformt.
Der innere Teil der Platine bis zur Innenkontur (d_1) ergibt
den Boden des Napfes. Der Bereich zwischen Innenkontur und Zuschnittsform bildet die Wand (Zarge) des Napfes.
Bei Annahme konstanter Blechdicke während der Umformung ergibt
sich die Zarge durch Hochklappen der Segmente a)(siehe Bild 5),
zuzüglich der beim Umformen zu verdrängenden Segmente b).

Weiterführende, allgemeine und ausführliche Darstellungen des
Tiefziehvorganges finden sich z. B. in [1, 20].

2.2   Zuschnittsermittlung

Für kreisrunde, zylindrische Näpfe reduziert sich die Zuschnittsermittlung auf die Bestimmung eines Zuschnittsradius,
da die Platine kreisförmig ist. Der Zuschnittsradius r_z läßt
sich bei gültiger Kontinuitätsbedingung und konstanter Blechdicke s über die Oberflächengleichheit von Platine und Napf
ermitteln,

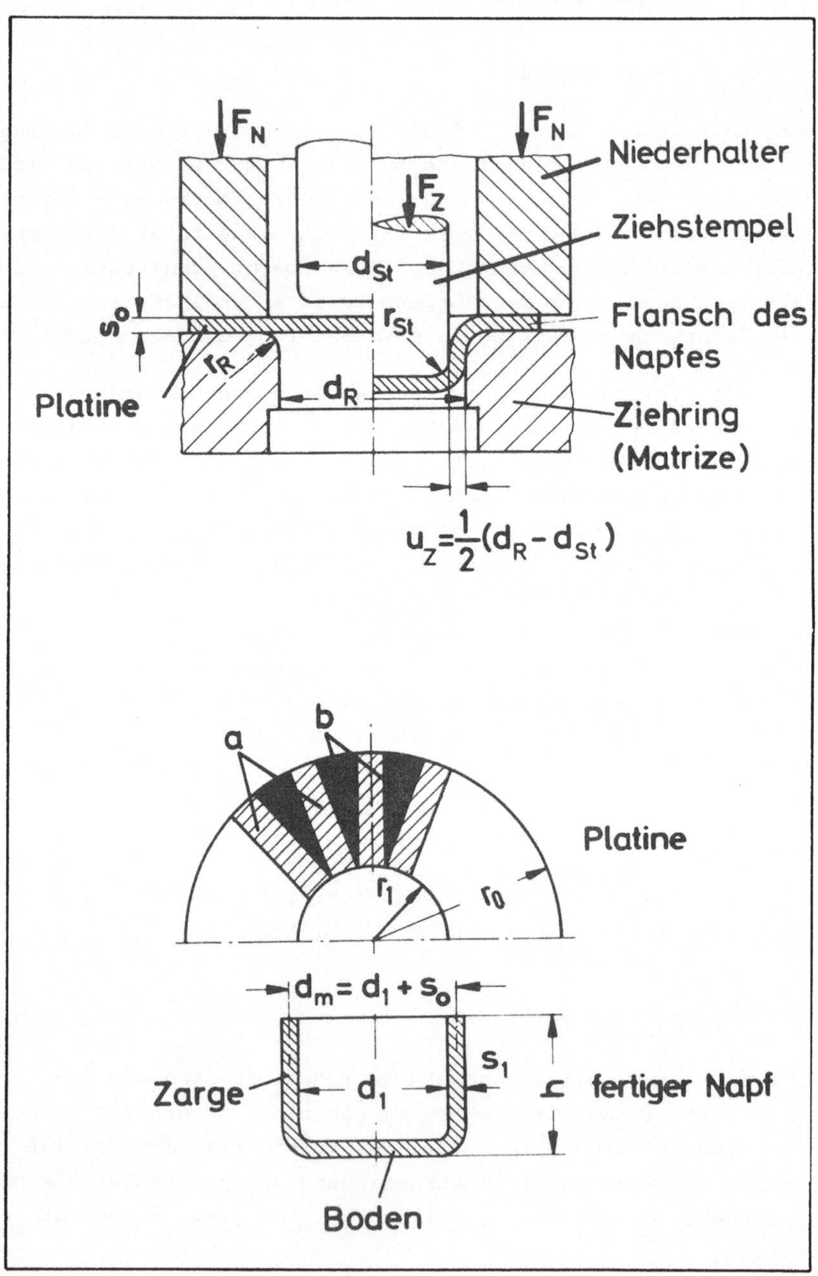

Bild 5: Tiefziehen im Erstzug.

$$r_z = \sqrt{r_e^2 + 2\,r_2\,(h + 0{,}57\,r_b) - 0{,}14\,r_b^2} \quad . \tag{26}$$

In der Literatur, z. B. [1, 2, 6, 20], finden sich eine Reihe von Formeln, die alle auf ähnliche Ergebnisse führen. An dieser Stelle sei auf die in den Abschnitten 2.2.1.1 und 3.6 näher beschriebenen Spannungsrandbedingungen $\sigma_{AK\,normal} = 0$ und $\mathcal{T}_{IK} = 0$ verwiesen.

2.2.1 Zuschnittsermittlung bei unregelmäßigen Ziehteilen

Die Verfahren zur Bestimmung der Zuschnittsform bei unregelmäßigen Ziehteilen beruhen im allgemeinen auf Überlegungen zum Werkstofffluß und ebenfalls auf der Annahme der Oberflächengleichheit von Platine und Napf. Diese Vorgehensweise kann aber schon bei wenig komplexen Teilen sehr aufwendig und ungenau werden. Ihre Anwendung erfordert viel Erfahrung und ist in der Regel verbunden mit einem hohen Zeitaufwand.

In [1, 2, 4, 6, 26 u. a.] wird eine Reihe von Methoden der Zuschnittsermittlung für unregelmäßige Teile beschrieben. Bild 6 zeigt den Werkstofffluß bei einem rechteckigen Ziehteil.

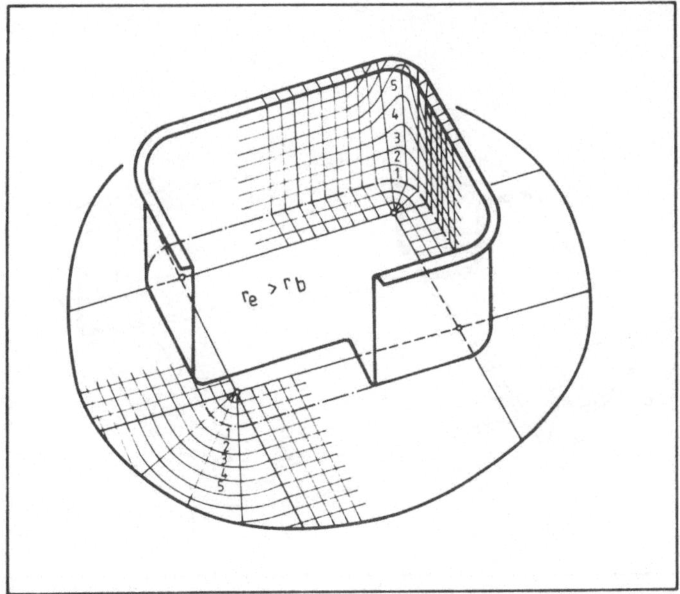

Bild 6: Platine und Ziehteil mit Liniennetz [26].

Bringt man auf eine Platine ein Liniennetz auf, so kann man
deutlich erkennen, wie in den Ecken die Felder durch die auftretenden tangentialen Spannungen schmäler geworden sind, der
Werkstoff wird in radialer Richtung verdrängt.
An den geraden Wänden findet im mittleren Bereich kein Fließen
des Werkstoffes nach außen statt.
Die Umformung erfolgt hier nur durch Umbiegen des Bleches an
der Ziehkante.
Um den Zuschnittsradius r_z an den Ecken zu erhalten, denkt man
sich diese zu einem zylindrischen Napf ergänzt (Bild 7) und
ermittelt den Radius entsprechend zylindrischen Näpfen [1, 2].

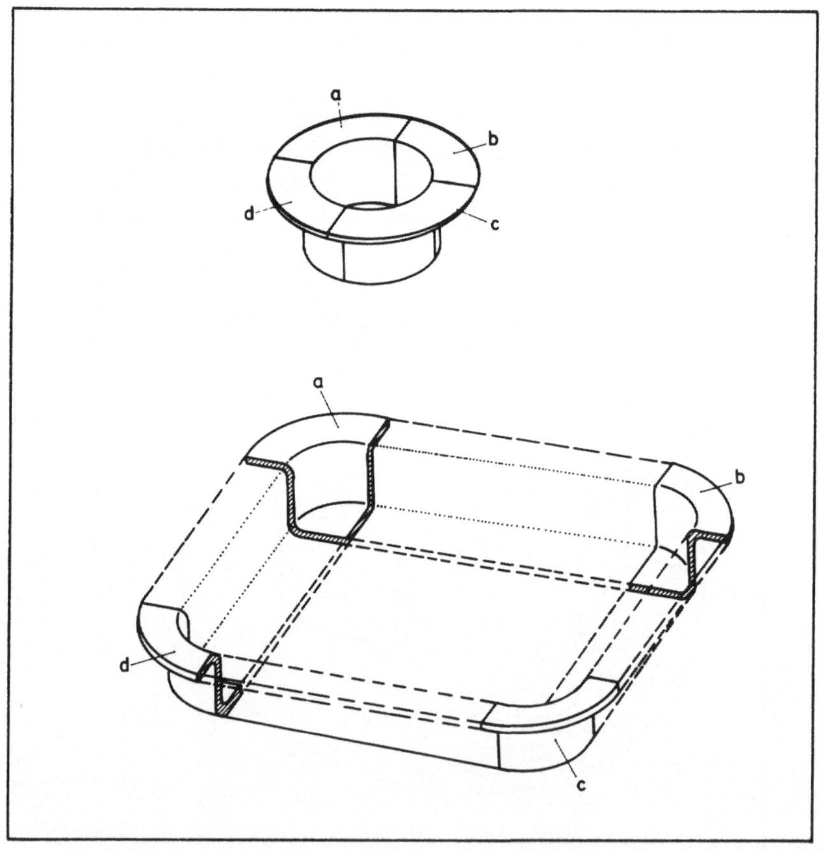

Bild 7: Aus den Eckelementen eines rechteckigen Ziehteils
zusammengesetztes rotationssymmetrisches Ziehteil [6].

Dabei wird von den einzelnen Autoren auf unterschiedliche Art
eine additive oder multiplikative Zugabe zu r_z bestimmt. So
verwendet Oehler /Kaiser [1] bei Eckenmittelpunktswinkel α bis
90 ° einen Zugabefaktor

$$X = 0,074 \ (\frac{r_z}{2r_e})^2 + 0,982. \tag{27}$$

Diese Zugaben werden nach [1] erforderlich, um die Behinderung
des freien Werkstoffflusses, aufgrund tangentialer Stauchung,
in den an die Ecken grenzenden Bereichen auszugleichen. Ohne
einen solchen sich auf Erfahrung gründenden Zuschlag neigen unregelmäßige Ziehteile dazu, in den Ecken eine zu niedrige und
an den Seiten eine zu hohe Ziehteilhöhe anzunehmen.

Im Bereich von Geradenstücken der Napfkontur ist es auch möglich, den Abstand h_s von Innenkontur zur Platinenaußenkontur
durch eine einfache Abwicklung mit

$$h_s = 0,57 \ r_b + h \tag{28}$$

anzugeben.

Bei Hasek [6] wird für den Fall, daß die Ziehteilhöhe h_s

$$h_s > h_{sp} = \frac{r_e}{2} \ (e^\alpha - 1) \tag{29}$$

wird, der Zuschnittsradius mit

$$r_z = r_e \ e^{\alpha/2} + (h_s - h_{sp}) \ e^{-\alpha} \tag{30.}$$

bestimmt.

2.2.1.1 <u>Zuschnittsermittlung in PLATIN 2 mittels der Gleit-
linientheorie</u>

Im Programmsystem PLATIN 2 wird die von Hasek in [6] vorgestellte
manuelle Methode automatisiert und in einer erweiterten Form angewandt. Die Lösungsmethode der Gleitlinientheorie besteht in der
Ermittlung des jeweils zulässigen Feldes aus Linien maximaler

Schubspannungen, die als Gleitlinien bezeichnet werden. Die Richtungen, in denen die maximalen Schubspannungen auftreten, werden als erste und zweite Gleitrichtung bezeichnet (Bild 2 a). Kurven, die in jedem Punkt des betrachteten Gebietes die erste oder zweite Gleitrichtung als Tangentenrichtungen haben, werden als erste bzw. zweite Gleitlinien bezeichnet. Erste und zweite Gleitrichtung stehen senkrecht aufeinander und bilden daher zwei orthogonale Kurvenscharen, das sogenannte Gleitliniennetz.

Die Spannungen σ und τ sind bekannt, wenn man den Radius des Mohrschen Spannungskreises, die Lage seines Mittelpunktes σ_m und die Orientierung der Verbindung x-y (also den Winkel 2ϑ) kennt (Bild 2 b). Da überall im plastischen Gebiet R = k gilt, kann der Spannungszustand in jedem Punkt durch die Größen σ_m und 2ϑ eindeutig beschrieben werden.

Nach [6] wird zur Ermittlung der Zuschnittsform ein Gleitlinienfeld aufgebaut. Die Form des ebenen Bodens wird als Kontur mit konstanter Geschwindigkeit betrachtet und die Schubspannungen an der Innen- und Außenkontur werden zu Null angenommen. Daraus folgt, daß die Richtung der Normalen an der Innen- und Außenkontur eine Hauptspannungsrichtung ist, und somit schliessen die Gleitlinien mit der Innen- und Außenkontur den Winkel 45 ° ein (s. Bild 3).

Ausgehend von der Innenkontur des Ziehteils wird das Gleitliniennetz (Bild 8) konstruiert. Über den geradlinigen Abschnitten (6) ist das Gleitliniennetz geradlinig und schließt mit der Kontur den Winkel 45 ° ein. Über den kreisbogenförmigen Konturabschnitten (K) besteht das Gleitliniennetz aus logarithmischen Spiralen. Diese beiden direkt an die Innenkontur grenzenden Gleitliniennetze werden im folgenden als primäre Gleitlinienfelder bezeichnet (in Bild 8 mit I gekennzeichnet).

Die nachgeordneten Bereiche werden unterteilt in sekundäre (II) und tertiäre (III) Felder (siehe Bild 8). Bei den sekundären Gleitliniennetzen treten ebenfalls wie bei den primären Feldern zwei verschiedene Typen von Gleitlinienfeldern auf. Zum einen handelt es sich um Geradengleitlinienfelder, welche aus zwei

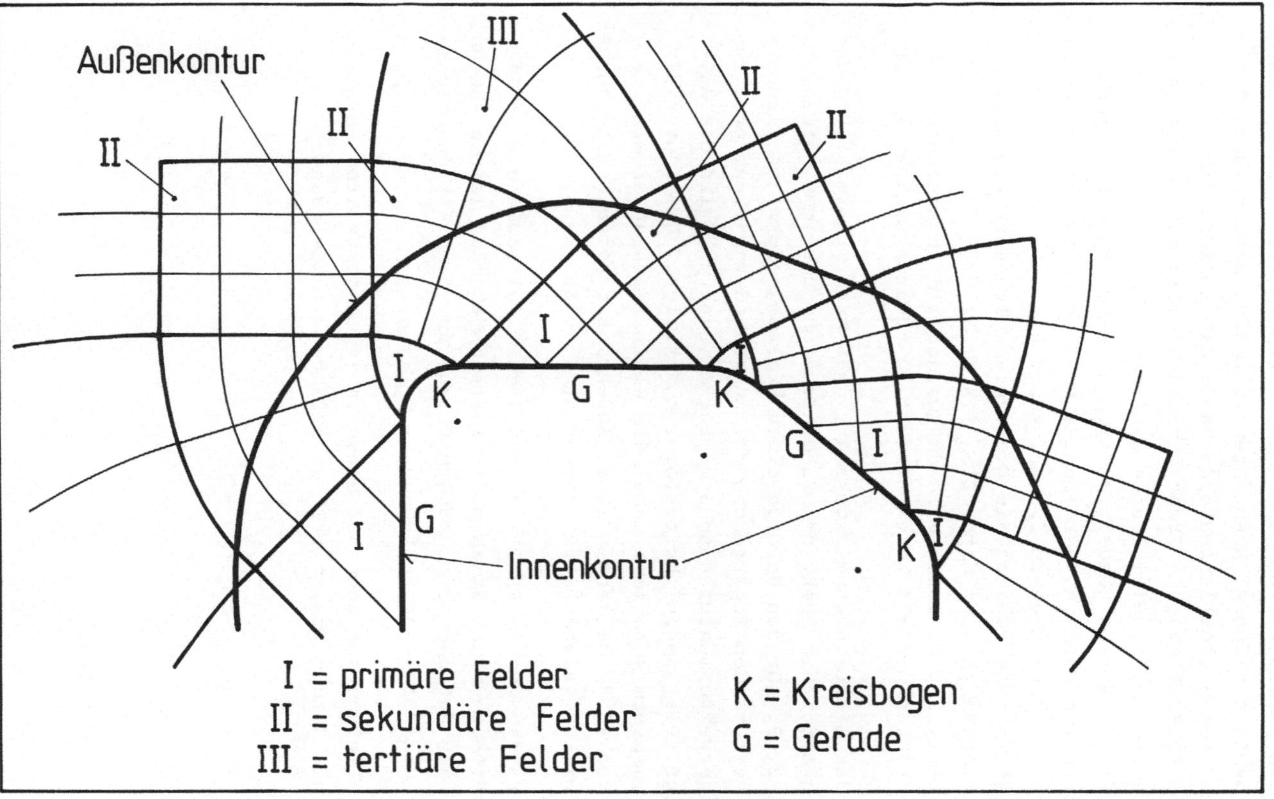

Bild 8: Gleitliniennetz zur Ermittlung der Platinenform.

Scharen paralleler und zueinander orthogonaler Geraden bestehen
und damit ein Gebiet konstanten Zustandes beschreiben. Zum anderen treten Gleitlinienfelder auf, die Geraden und zu den primären logarithmischen Grenzspiralen äquidistante Kurven als
erste und zweite Gleitlinien besitzen.
Bei diesen Netzen handelt es sich um Segmente eines nicht
zentrierten Fächers, bestehend aus einer Geradenschar, gebildet
durch die Tangenten an die Leitkurve und aus einer Schar krumm-
liniger Kurven, welche die Evolventen der Leitkurve des nicht
zentrierten Fächers darstellen [15].
Die tertiären Gleitlinienfelder werden wie in Abschnitt 3.4
beschrieben mittels Netzkonstruktion näherungsweise bestimmt.

Ist das Gleitliniennetz bekannt, dann muß zur Ermittlung der
Außenkontur ein Punkt der Zuschnittsform bestimmt werden. Das
kann z. B. für den Bereich eines kreisbogenförmigen Elements
wie beim runden Napf geschehen. Ausgehend von einem oder zweck-
mäßigerweise mehreren so ermittelten Punkten, wird die Außenkontur (Platinenzuschnittsform) konstruiert. Die Kontur der
Platinenform schneidet dabei die Gleitlinien unter einem Winkel von 45 °, da längs dieser Außenkontur keine Schubspannungen wirken (siehe hierzu Abschnitt 3.4.1).

Im Programmsystem PLATIN 2 sind die in [6] sowie die in [1]
beschriebenen und etwas modifizierten Methoden (siehe Abschnitt
2.2) der Außenkonturpunktsermittlung programmiert und stehen
dort wahlweise zur Verfügung.

Abschließend sei noch auf einen in [6] angestellten Vergleich
einiger Zuschnittsermittlungsverfahren hingewiesen.

Das dialogfähige Programmsystem PLATIN 2 ist die vorläufig
letzte Stufe einer konsequenten fachspezifischen Softwareent-
wicklung zur rechnerunterstützten Zuschnittsermittlung beim
Tiefziehen unregelmäßiger Ziehteile.
Am Anfang standen einige kleinere Programme, die dazu dienten,
Erfahrung bei der rechnerunterstützten Erstellung von Gleitlinienfeldern zu sammeln. Diese Programme erstellten analytisch
einfach beschreibbare primäre und sekundäre Gleitlinienfelder
und Konturen für bestimmte Ziehteilgeometrien (z. B. für ein
quadratisches Teil) nach der in [6] beschriebenen Methode der
Zuschnittsermittlung mit Hilfe der Gleitlinientheorie.

Der nächste Entwicklungsschritt war der Aufbau des für den
Stapelbetrieb geeigneten Programmsystems PLATIN [8]. Zentrales
Problem zu Beginn war dabei die Erstellung eines Algorithmus
zur Erfassung beliebiger ebener Konturen. Damit soll auf möglichst einfache Art die Geometrie beliebiger Ziehteile beschreibbar sein. Realisiert wurde dabei ein Verfahren, das aus
Geraden- und Kreisbogenstücken beliebige, geschlossene und
ebene Konturen näherungsweise aufbaut. Das Programmsystem
PLATIN ist wie in [8] beschrieben geeignet für einfachere
Näpfe mit geringen Ziehtiefen, die Zuschnittsform zu bestimmen.

Das Dialogprogrammsystem PLATIN 2 ist eine Weiterentwicklung
des in [8] vorgestellten Programmes PLATIN. Beide Programme
gehen von den in [6] dargestellten Überlegungen aus und nutzen
dabei die Möglichkeiten moderner Datenverarbeitung. Das
Programmsystem PLATIN 2 beinhaltet darüber hinaus nun eine
Reihe von wesentlichen, neuen Gesichtspunkten. Neben der Tatsache, daß es sich um ein dialogfähiges Programm handelt, wo-
durch sich eine hohe Benutzerfreundlichkeit bei geringen Vor-
kenntnissen ergibt, wurden jeweils ein Spannungsanalyse- und
Bewegungsanalyse-Modul, eine verbesserte Dateneingabekontrolle
sowie eine erhebliche Erweiterung des möglichen Teilespektrums in das Programm PLATIN 2 aufgenommen.

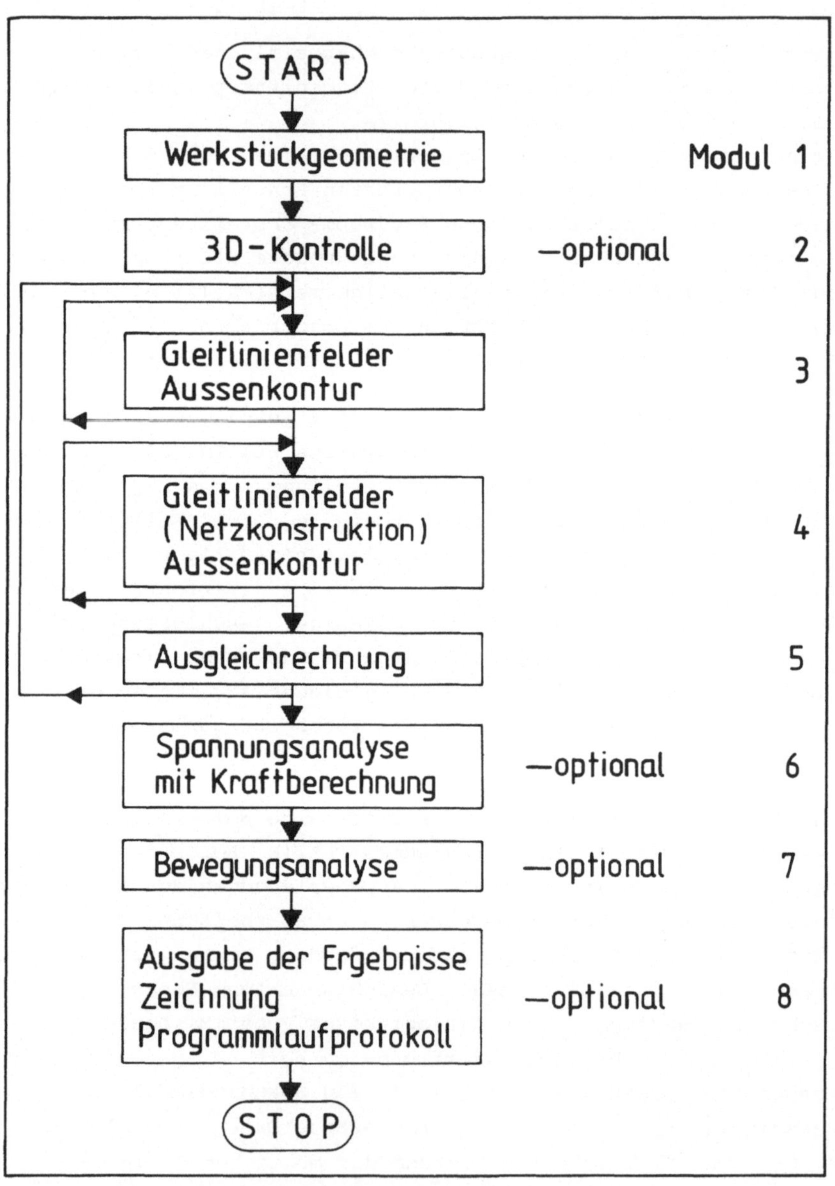

Bild 9: Schematischer Aufbau des Programmsystems PLATIN2.

Im folgenden wird auf eine Beschreibung des als Vorstufe zu be-
trachtenden Programmes PLATIN verzichtet und nur noch detail-
liert auf das Programm PLATIN 2 eingegangen.

3.1 Aufbau des Programmsystems

Der Aufbau des Programmsystems ist in Bild 9 dargestellt. Die
Ausführung der in den Moduln 2, 6, 7 und 8 angebotenen Leistungen kann im Programmlauf jeweils unterdrückt werden.

Im Modul 1 wird die Eingabe der Werkstückgeometrieinformatio-
nen und die Aufbereitung dieser Daten vollzogen.
Die Problemstellung dabei ist, Angaben aus einer technischen
Zeichnung des Ziehteiles auf möglichst einfache und schnelle
Art und Weise in den Rechner einzugeben. Ferner muß das Einga-
beschema die Bearbeitung beliebiger ebener Gebilde und z. B.
die Ausnutzung von Symmetrien erlauben.

Informationen aus Werkstückzeichnung Werkstück: *Rechteckiger Napf* ⟹	Informationen für Rechnerprogramm PLATIN(2) Eingabedaten		
Höhe: *30* mm Bodenrundungs- radius: *6* mm	Übergänge der Innenkontur berechnen? JA/1, NEIN/2	Eingabe *1*	Format I 1
	Anzahl der Eckpunkte?	*4*	I 2
	Koordinaten u. Radien der Eckpunkte: *220. 310. 18.*		3F 10.2
Innenkontur (Stempelquerschnitt)	*380. 310. 18.*		"
	380. 190. 18.		"
	220. 190. 18.		"
	Bodenrundungsradius und Ziehteilhöhe?	*6. 30.*	2F 10.2
	Der Eingabedatensatz umfaßt für dieses Werkstück z. B. *7* Lochkarten.		

Bild 10: Formular für die Erfassung der Geometriedaten von
         Ziehteilen.

In Bild 10 ist ein Beispiel für die Geometriedatenerfassung in einem Eingabeformular dargestellt. Dabei werden als Eingabedaten die Koordinaten der Eckpunkte im 1. Quadranten eines x,y-Koordinatensystems und die dazugehörigen Radien der Eckpunkte des Ziehteiles dazu benutzt, um daraus den Umfang des Ziehstempels in Linienelemente aufzuteilen. Damit ist es möglich, mit einem Minimum an Eingaben beliebige Formen von Ziehteilen zu erfassen. Daneben gibt es noch die Möglichkeit, einzelne Konturelemente direkt einzugeben, was z. B. bei Nutzung von Symmetrien oder zusammengesetzten Teilen interessant sein kann.

Die Daten können direkt im Dialog eingegeben oder vor dem eigentlichen Rechenlauf (off-line) erstellt werden, um Anschlußzeit zu sparen, was sich insbesondere für komplexere Teile anbietet.

Im zweiten Programm-Modul wird optional eine komfortable 3D-Eingabedatenkontrolle angeboten.

Häufig werden beim Eingeben der Daten Fehler gemacht, welche dann zwangsläufig zu einer falschen Werkstückgeometrie oder zu einem Fehlerabbruch des Programmlaufes führen.

Die einfachste und in jedem Fall durchgeführte Maßnahme zur Kontrolle von Eingabedaten, besteht in einem sofortigen Wiederausgeben der Daten. Bei umfangreicheren Datenmengen wird diese Methode jedoch schnell ungeeignet, denn der Benutzer muß dabei Zahlenkolonnen überprüfen, wobei er leicht zuvor gemachte Fehler übersieht.

Der Programm-Modul 2 bietet deshalb eine sehr komfortable und anschauliche Kontrolle der eingegebenen Geometriedaten des zu berechnenden Ziehteiles in Form einer dreidimensionalen Darstellung des Werkstückes.
Dabei kann nun optional beliebig oft der Blickwinkel auf das Teil frei gewählt werden und somit quasi eine räumliche Drehung des eingegebenen Werkstücks nachgeahmt werden.
Mit Hilfe dieser 3D-Kontrolle ist es möglich, auf einen Blick festzustellen, ob das dargestellte Teil mit dem gewünschten Teil übereinstimmt und damit die Eingabe der Geometriedaten

korrekt war.

Es muß jedoch darauf hingewiesen werden, daß 3D-Darstellungen immer rechnerzeitintensiv sind und deshalb gegebenenfalls bei einfachen Geometrien auf eine solche bildhafte Darstellung verzichtet werden kann.

Die Module drei, vier und fünf werden alternierend mehrfach durchlaufen.

Im Modul drei wird gemäß Abschnitt 2.2.1.1 ein Außenkonturpunkt in Abhängigkeit von der gewünschten Ziehteilhöhe, Bodenrundungsradius, Flansch- und Zugabebreiten usw. gegenüber eines Kreisbogenelements der Innenkontur ermittelt. Nach dem Erstellen der in Abschnitt 2.2.1.1 beschriebenen und in der vorliegenden Arbeit als primäre und senkundäre Gleitlinienfelder bezeichnete, orthogonale Liniennetze, kann in diesen Bereichen der Verlauf der Außenkontur als Schnitt der Gleitlinien unter dem Winkel 45 ° bestimmt werden.

In jenen nachgeordneten Bereichen einer Flanschebene, die weder durch primäre Geraden- oder logarithmische Spiralenfelder, noch durch sekundäre Geraden- oder Geraden-Spiralenfelder abgedeckt werden, wird im Modul vier eine Gitterkonstruktion mittels modifizierter Rekursionsformeln durchgeführt.

In diesen Bereichen stellen die Gleitlinien dann keine geschlossenen Lösungen des Grundgleichungssystems, sondern eine durch numerische Integration der Gleichungen (17 bis 21), Abschnitt 1.2, gewonnene Näherungslösung dar.
Nach dem Generieren dieser tertiären Gleitlinienfelder kann sodann der Verlauf der Außenkontur komplettiert werden.

Um Fehler bei der empirischen Berechnung des Außenkonturpunktes oder der näherungsweise bestimmten Gleitlinienfelder auszugleichen und einen glatten Verlauf der Außenkontur zu erhalten, wird in Modul 5 eine Ausgleichsrechnung durchgeführt.
Dabei werden jeweils die Sprünge der Außenkontur beim Übergang von einem zum nächsten Element bestimmt und die Außenkonturpunkte entsprechend korrigiert und sodann die Zuschnitts-

form neu berechnet.

Unterschreitet die Summe der Quadrate der Sprunggröße und jede Einzelsprunggröße vorgegebene Grenzwerte, ist die Ausgleichsrechnung abgeschlossen und der Verlauf der Außenkontur bestimmt. Im Modul 6 wird eine Berechnung der Spannungen im Flansch des Teiles und eine Ziehkraftermittlung durchgeführt. Die Verteilung der Spannungen in der betrachteten Ebene ist durch das gültige Gleitlinienfeld gegeben. Mit Hilfe der Beziehung (22), Abschnitt 1.2, ist es bei geeigneten Randbedingungen möglich, den Verlauf der mittleren Spannung und mit den Beziehungen (15) des Mohrschen Spannungskreises bzw. der Fließbedingung (10 u. f.) den Verlauf jeder beliebigen Spannung anzugeben.

Entscheidende Bedeutung kommt somit der Wahl der Randbedingung zu. In dieser Arbeit wird von den in Bild 11 dargestellten Randbedingungen ausgegangen.

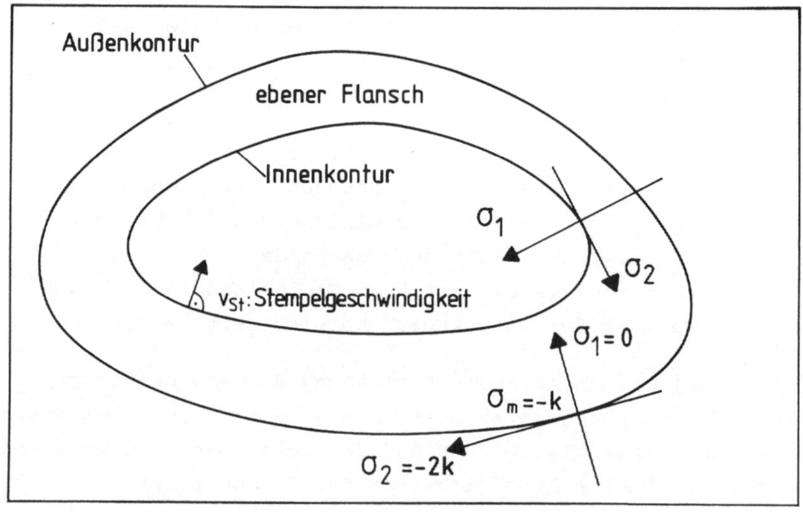

Bild 11: Randbedingungen im Rechenmodell.

Hierbei ist zu beachten, daß die Wahl der Randbedingungen nicht völlig frei sein kann. Bei der Generierung der Gleitlinienfelder, ausgehend von der Innenkontur, wurde bereits eine Randbedingung verwendet und damit das hyperbolische Differentialgleichungssystem, welches die Gleitlinien beschreibt, festgelegt. Mit einer Spannungsrandbedingung ist der Spannungsverlauf im Gleitlinienfeld bestimmt.

Bei der Analyse der Spannungen im Flansch stößt man daher bezüglich der Einhaltung der Spannungsrandbedingung ($\sigma_{normal\ Ak} = 0$) auf einen Widerspruch. Es zeigt sich, daß diese Randbedingung lokal nicht streng durch das Gleitlinienfeld erfüllbar ist.

Die Einhaltung der real sicherlich sinnvollen Randbedingung ($\sigma_{normal\ Ak} = 0$) wird mittels einer weiteren Ausgleichsrechnung näherungsweise erreicht. Hierzu wird, ausgehend von einem Außenkonturpunkt, die Randbedingung eingehalten und dann gemäß der Krümmung des Gleitlinienfeldes der Spannungsverlauf an der gesamten Außenkontur numerisch integriert. Der damit gewonnene Wert, einschließlich seines Vorzeichens, erlaubt die Bestimmung des hydrostatischen Spannungszustandes, welcher, dem ermittelten Spannungszustand an der Außenkontur überlagert, genau die globale Einhaltung obiger Spannungsrandbedingung ermöglicht.

Die Ausgabe der Ergebnisse einer solchen Spannungsanalyse erfolgt mittels einer Zeichnung, in welcher die Spannungen durch Hauptspannungskreuze (Druckspannungen gestrichelt) dargestellt sind.

Die Bestimmung der Ziehkraft gliedert sich in die Ermittlung der einzelnen Kraftanteile, welche zur gesamten Ziehkraft beitragen. Die ideelle Umformkraft wird anhand der Normalspannungen an der Innenkontur berechnet. Die Reibungs- und Biegeanteile werden mit einer auf Siebel und Beisswänger zurückgehende und bezüglich den Belangen von unregelmäßigen Teilen modifizierten Formel berücksichtigt.

Im Modul sieben des Programmsystems wird, ausgehend vom gültigen Gleitlinenfeld, mit den Beziehungen (23) eine Geschwindig-

keitsverteilung im Flansch des Ziehteiles ermittelt. Als Geschwindigkeitsrandbedingung ist dabei (siehe Bild 11) die Stempelgeschwindigkeit als Normalgeschwindigkeit auf der Innenkontur angenommen. Die Darstellung dieser Ergebnisse erfolgt in einer separaten Zeichnung mittels Geschwindigkeitsvektoren. Darüber hinaus wird über die Formänderungsgeschwindigkeitsverteilung die Formänderungsverteilung ermittelt.
Die Bestimmung der Geschwindigkeitsverteilung dient hierbei neben der Gewinnung von Angaben über den Stofffluß im Flansch auch zur Überprüfung der kinematischen Zulässigkeit des Gleitlinienfeldes.

Bei der letzten Einheit, dem Modul acht, handelt es sich nur um eine organisatorische, nicht aber eine programmtechnische Einheit, die mehr oder weniger über das ganze Programmsystem verteilt angeordnet ist. In erster Linie werden dabei Ausgabeinformationen erstellt, die über die reine Kommunikation beim Dialog hinausgehen, d. h. also Zeichnungsinformationen der verschiedenen Bilder aufbereitet und z. B. ein, wichtige Daten des Rechenlaufes enthaltendes Protokoll erzeugt.

Zum Programmsystem allgemein ist noch zu bemerken, daß der benötigte Kernspeicherplatz mittels einer Overlay-Struktur auf unter 160 000 oktale Worte (1 Wort = 60 Bit) reduziert wurde. Die Rechenzeit für einfachere Teile beträgt am Rechenzentrum der Universität Stuttgart zwischen 30 und 300 Sekunden. Diese Werte sind jedoch abhängig von der zur Verfügung stehenden Rechenanlage, sowie von der Geometrie des untersuchten Werkstückes und den im Programm gewählten Optionen.

3.2   Dateneingabe und 3D-Kontrolle

Das Programm PLATIN 2 ermöglicht die Eingabe der Werkstückgeometrie auf unterschiedliche Art und Weise, um eine den jeweiligen Bedingungen angepaßte Datenerfassung zu gewährleisten. Die zur Aufnahme der Geometrie erforderlichen Daten beschränken sich auf

- Anzahl der Ecken des Ziehteiles

- Koordinaten und Radien der Eckpunkte des Ziehteile-
  querschnittes im 1. Quadranten eines karthesischen
  Koordinatensystems (bei nach innen springenden Ecken
  ist der Radius negativ anzugeben)
- Bodenrundungsradius
- Ziehteilhöhe
- Zugabe für einen Flansch.

Daraus erstellt ein Unterprogramm (INKONT) die für die spätere
Analyse erforderlichen Informationen und speichert sie ab. Wie
in Abschnitt 3.3 beschrieben, wird aus den Geometriedaten u.
a. eine Kontur, im folgenden als Innenkontur bezeichnet, aus
Strecken und Kreisbögen unterschiedlicher Länge und Krümmung
aufgebaut. Dabei müssen vor allem die Übergangspunkte dieser
Linienelemente vom Programm mittels umfangreicher Fallunter-
scheidungen, sowohl für nach innen als auch nach außen sprin-
gende Ecken, bestimmt werden. Diese Art der Geometriebeschreibung ist für den Normalfall, d. h. für die Beschreibung von
Teilen wie in Bild 12 geeignet.

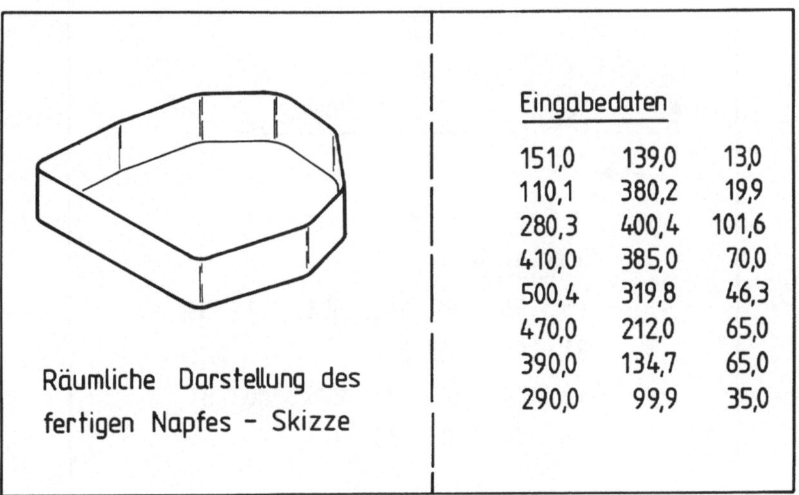

Bild 12: Geometriebeschreibung, Normalfall.

Für gewisse ausgezeichnete Formen (Bild 13) jedoch, wie z. B.
Teile mit Eckenmittelpunktswinkel > 180 ° (hierbei entsteht in
obigem Sinne keine Ecke) oder bei der Nutzung von Symmetrien
bietet ein anderes Unterprogramm (INKEI) die Möglichkeit, die
Innenkonturelemente direkt einzugeben.
Dabei sind folgende Angaben erforderlich:

> Strecke:
>
> - Anfangs- und Endpunktskoordinaten
>
> Kreisbogen:
>
> - Anfangs-, Endpunkts- und Kreismittelpunktskoordinaten
> - Radius (negativ, bei nach innen springender Ecke)

Vom Programm wird erwartet, daß immer Kreisbogen und Strecke
aufeinander folgende Linienelemente der zu erstellenden Innenkontur sind.

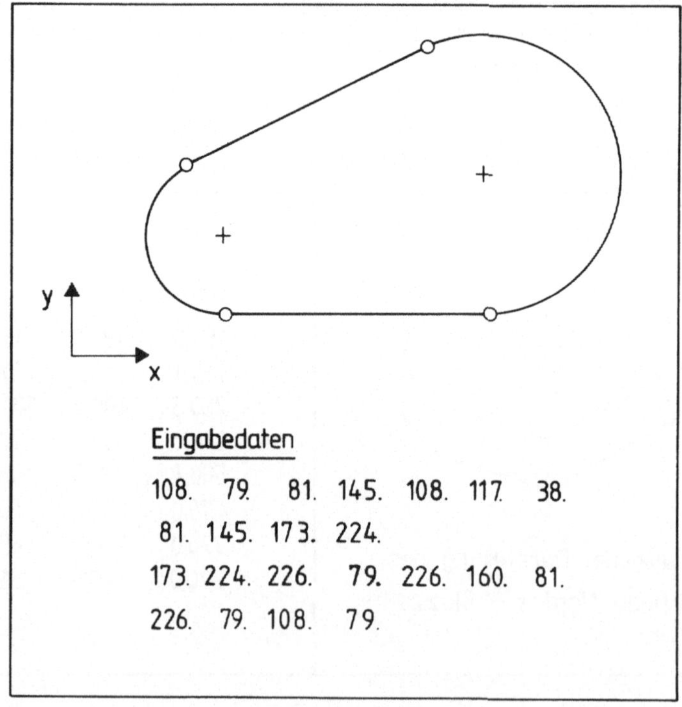

Bild 13: Geometriebeschreibung, Sonderfall (INKEI).

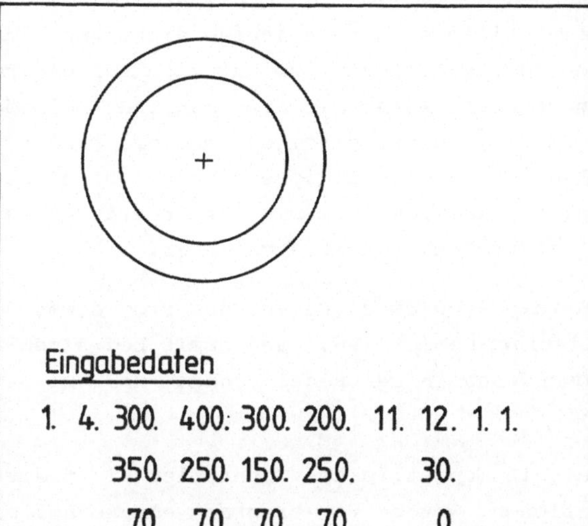

Bild 14: Geometriebeschreibung, Kreis.

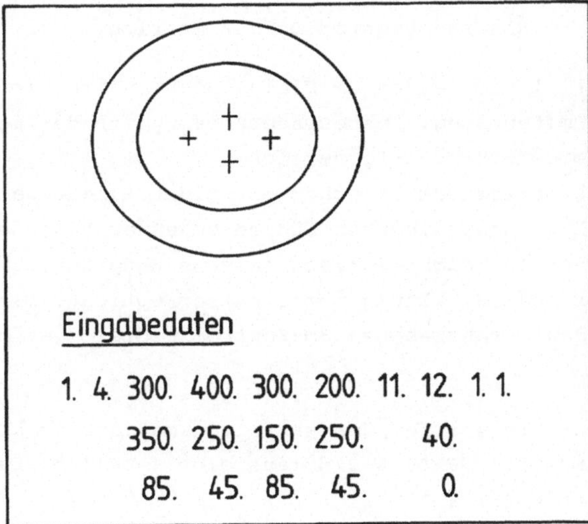

Bild 15: Geometriebeschreibung, Ellipse.

Sind andere, analytisch geschlossen darstellbare Formen, wie
z. B. eine Ellipse oder beliebige nicht geschlossen beschreibbare Gebilde zu erfassen, so hat dies aus programmtechnischen
Gründen näherungsweise mit Strecken und Kreisbögen beliebiger
Länge und Krümmung zu erfolgen. Wie die Bilder 14 und 15 für
einen Kreis bzw. eine Ellipse zeigen, ist damit eine sehr gute
Näherung der idealen Form mit für praktische Zwecke bei weitem
ausreichender Genauigkeit erreichbar.

Das zentrale Problem zu Beginn des Programmes, die Erfassung
von beliebigen Geometrien, kann damit bei einem begrenzten
Programmaufwand in der Regel schnell und komfortabel gelöst
werden.

Weitere, die Geometrie des Ziehteiles nicht direkt betreffende
Informationen, werden vom Programm ebenso auf einfache Art im
Dialog erfragt. Im einzelnen sind dies für die Ziehkraftberech-
nung (siehe Abschnitt 3.7) erforderliche Daten:

- Werkstoff (dialoggeführte Auswahl aus einer modifi-
  zierbaren Werkstoffdatei)
- Blechdicke
- Ringrundungsradius der Matrize.

Darüber hinaus werden im Dialog noch Informationen zur
Programmsteuerung, insbesondere bezüglich der möglichen
Programmoptionen, erforderlich.
Dabei arbeitet.das Programm mit einer Eingabedatenüberwachung,
logisch falsche Eingaben führen zu einer Eingabewiederholungs-
aufforderung. Nicht logisch falsche Eingaben,zumindest der
Geometriedaten, können vom Benutzer optional mittels der im
folgenden beschriebenen 3D-Kontrolle dialoggeführt erkannt
werden.

Nach der Eingabe der Geometrieinformationen erstellt das
Programmsystem PLATIN 2 daraus eine räumliche Darstellung des
Ziehteiles (Bild 16).

Ein Unterprogramm (NAPF) kann mit Hilfe der Routine PICTURE
des Graphik-Paketes PICASSO des Rechenzentrums der Universi-

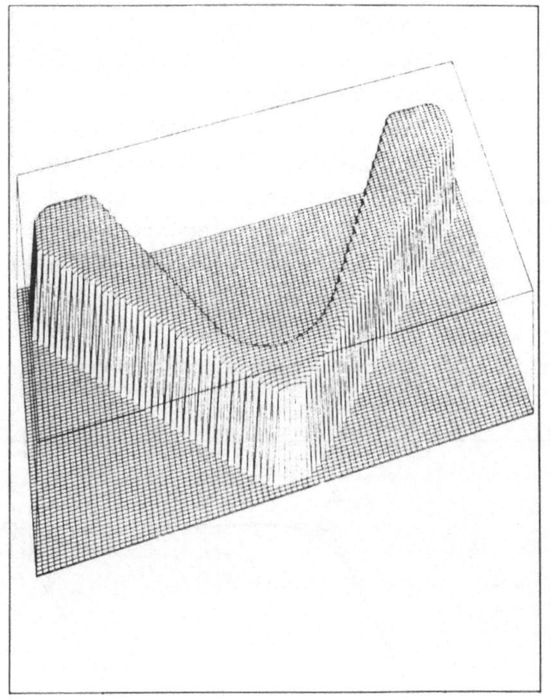

Bild 16: 3D-Darstellung.

tät Stuttgart, sämtliche Teile darstellen, die sich durch eine
senkrechte Wandung und einen ebenen Boden beschreiben lassen.
Dieses Programm legt ein Netz über ein definiertes rechtecki-
ges Feld, wobei jedem Knotenpunkt ein z-Wert zugewiesen wird.
Der Augenpunkt, d. h. der Punkt von dem aus die 3D-Darstellung
betrachtet wird, liegt zunächst fest und kann sodann beliebig
oft variiert werden.

Diese 3D-Kontrolle bietet daher eine komfortable Überprüfung
der Geometrieeingabedaten, jedoch ist auf den prinzipiell hohen
Rechenzeitaufwand bei allen 3D-Darstellungen zu verweisen.

3.3   Erstellung der Innenkontur

Das Programmsystem PLATIN 2 ermittelt in den Unterprogrammen
INKONT, INKEI u. a. die Innenkonturinformationen aus den Eingabedaten (siehe hierzu Abschnitt 3.2).
Die Eingabedaten, Koordinaten der Eckpunkte im 1. Quadranten
eines x,y-Koordinatensystems und die dazugehörigen Radien der
Eckpunkte des Ziehteiles werden dazu benützt, daraus den Quer-
schnitt des Ziehstempels in Linienelemente aufzuteilen.
Damit ist es möglich, mit einem Minimum an Eingabeinformationen
beliebige Formen von Ziehteilen zu erfassen.
Im einzelnen wird folgendermaßen vorgegangen: Zunächst werden
die Eckpunkte durch einen Polygonzug miteinander verbunden
(Bild 17).

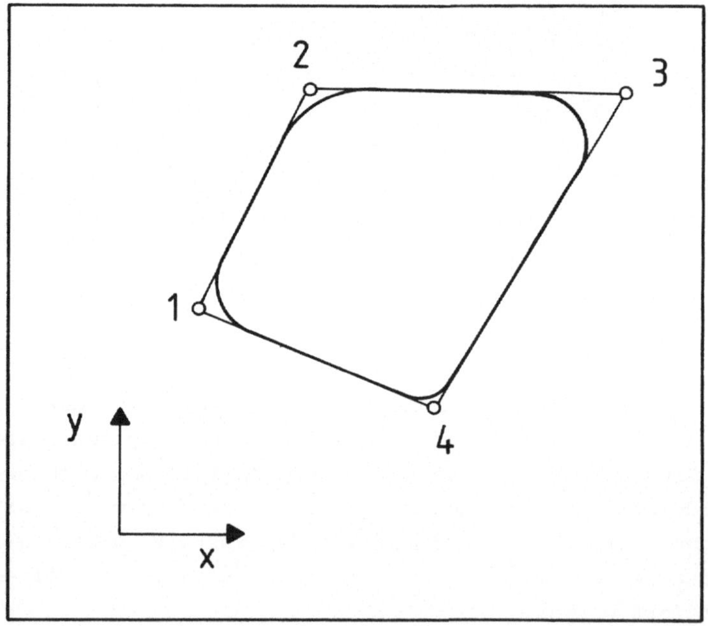

Bild 17: Eckpunkte der Innenkontur.

Danach generiert das Programm zu zweien eine Ecke bildenden
Strecken, vier zu diesen Strecken paralleler Geraden mit den
Abständen des eingegebenen Eckenradius (Bild 18). Diese Gera-
den bilden vier Schnittpunkte, wovon einer der gesuchte Mittel-

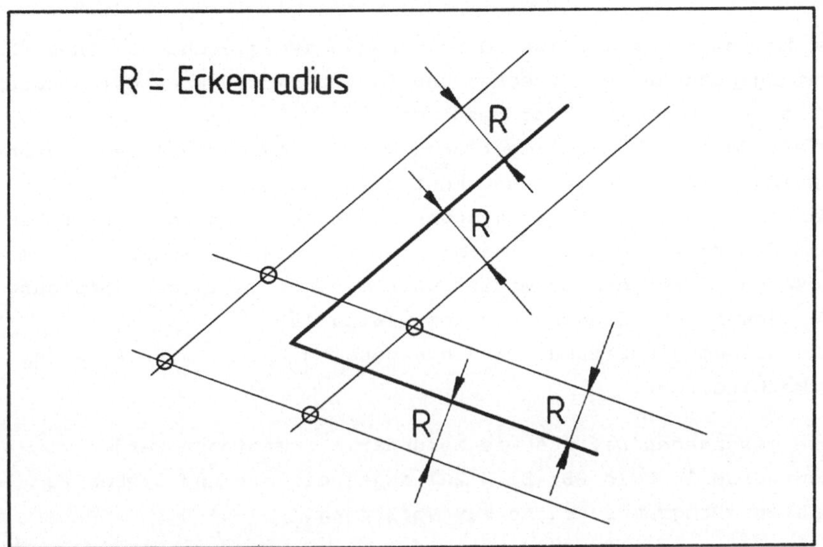

Bild 18: Bestimmung des Eckenmittelpunktes.

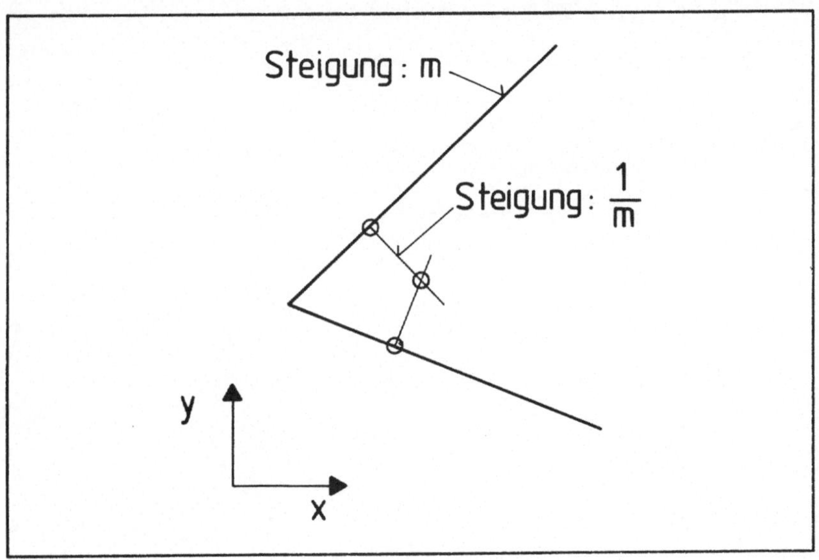

Bild 19: Bestimmung der Übergangspunkte.

punkt des Eckradius ist. Durch Abstandsvergleiche zwischen den
Anfangspunkten der Strecken und den Schnittpunkten der Geraden
wird der Eckmittelpunkt bestimmt.
Diese Vorgehensweise liegt auch der Berechnung bei nach innenspringenden Ecken der Innenkontur zugrunde.
Danach werden die Übergangspunkte zwischen den Geradenstücken
und den Kreisbögen der Innenkontur mittels des Schnittes vom
geraden durch den Eckmittelpunkt mit der reziproken Steigung
der jeweiligen Strecke bestimmt (Bild 19).
Mit diesem Algorithmus wird die gesamte Innenkontur Ecke für
Ecke berechnet.

Die gewonnenen Daten sowie Sekundärinformationen werden elementweise im Feld BB (Bild 20) abgespeichert und stehen für
spätere Programmschritte zur Verfügung.

```
                      F E L D   B B

ANZAHL DER ELEMENTE  IA = 10
**************************************************************************
* NR.*NN *X-ANF. *Y-ANF. *X-ENDE *Y-ENDE *  XM   *  YM   *RADIUS *LAENGE *ALPHA*
* 1 *2 *  3    *  4    *  5    *  6    *  7    *  8    *  9    * 10    * 11 *
**************************************************************************
*  1.* 1.*  240.0*  140.0*  180.0*  200.0*  240.0*  200.0*  60.0*   94.2* 1.57*
*    *   *       *       *       *       *       *       *      *       *     *
*  2.* 0.*  180.0*  200.0*  180.0*  335.0*    0.0*    0.0*   0.0*  135.0* 0.00*
*.   *   *       *       *       *       *       *       *      *       *     *
*  3.* 1.*  180.0*  335.0*  205.0*  360.0*  205.0*  335.0*  25.0*   39.3* 1.57*
*    *   *       *       *       *       *       *       *      *       *     *
*  4.* 0.*  205.0*  360.0*  315.4*  360.0*    0.0*    0.0*   0.0*  110.4* 0.00*
*    *   *       *       *       *       *       *       *      *       *     *
*  5.* 1.*  315.4*  360.0*  341.2*  350.6*  315.4*  320.0*  40.0*   27.9*  .70*
*    *   *       *       *       *       *       *       *      *       *     *
*  6.* 0.*  341.2*  350.6*  407.5*  295.0*    0.0*    0.0*   0.0*   86.6* 0.00*
*    *   *       *       *       *       *       *       *      *       *     *
*  7.* 1.*  407.5*  295.0*  420.0*  268.2*  385.0*  268.2*  35.0*   30.5*  .87*
*    *   *       *       *       *       *       *       *      *       *     *
*  8.* 0.*  420.0*  268.2*  420.0*  160.0*    0.0*    0.0*   0.0*  108.2* 0.00*
*    *   *       *       *       *       *       *       *      *       *     *
*  9.* 1.*  420.0*  160.0*  400.0*  140.0*  400.0*  160.0*  20.0*   31.4* 1.57*
*    *   *       *       *       *       *       *       *      *       *     *
* 10.* 0.*  400.0*  140.0*  240.0*  140.0*    0.0*    0.0*   0.0*  160.0* 0.00*
*    *   *       *       *       *       *       *       *      *       *     *
**************************************************************************
```

Bild 20: Aufbereitete Informationen der Innenkontur in Feld BB.

3.4 Generierung der Gleitlinienfelder

3.4.1 Modellbetrachtung und Randbedingungen

Entscheidende Bedeutung für das Verständnis der vorliegenden
Betrachtung kommt der Unterscheidung zwischen dem der Rechnung
zugrundeliegenden mathematischen Modells und dem realen Vorgang Tiefziehen zu.

Ein korrektes Vorgehen erfordert, daß zunächst auf der Grundlage eines zu definierenden Modells eine komplette Betrachtung
der Methode zu erfolgen hat. Im Anschluß daran ist ein Vergleich mit dem realen Vorgang und eine Interpretation der Ergebnisse zulässig und nötig.

Bei dem Modell handelt es sich um ein ebenes Gebilde, das durch
zwei geschlossene Konturen begrenzt wird, die starre und als
bekannt anzunehmende Innenkontur und die gesuchte, sich während
der Betrachtung ändernde Außenkontur (Bild 11). Alle Punkte des
Bereiches zwischen Innen- und Außenkontur und die Außenkontur
selbst bewegen sich auf unterschiedlichen Bahnen und mit verän-
derlicher Geschwindigkeit auf die Innenkontur zu. Beim Erreichen der Innenkontur verlassen die gedachten Punkte das ebene
Modell rückwirkungsfrei.
Im gesamten ebenen Gebilde herrscht ein Spannungszustand, der
die Fließbedingung (13) erfüllt. (Weitere Einschränkungen siehe
Abschnitt 1.1 und [6].) Wie in Bild 11 gezeigt, werden ferner
an den Konturen Randbedingungen der Spannung und der Geschwindigkeit postuliert. Im einzelnen handelt es sich dabei um

    Spannungen
        Innenkontur
        - Richtung der Hauptspannungen normal (σ_I) und
          tangential (σ_{II}) auf der Innenkontur ($\sigma_I > \sigma_{II}$).
        Außenkontur
        - Richtung und Betrag der Hauptspannungen
          normal ($\sigma_I = 0$) und tangential ($\sigma_{II} = -2\,k$)
          auf der Außenkontur.

Geschwindigkeiten

Innenkontur

- Richtung und Betrag: nach innen normal mit

$v = v_{\text{Tiefziehstempel}}$.

Wie in den folgenden Abschnitten beschrieben, wird für dieses Modell eine Lösung der Spannungs- und Bewegungsverteilung mit Hilfe der Gleitlinientheorie erstellt.

3.4.2 Primäre und sekundäre Gleitlinienfelder

Wie in Abschnitt 2.2.1.1 beschrieben, wird,ausgehend von der gegebenen Innenkontur, gemäß der dort angenommenen Spannungs- randbedingung ein Gleitlinienfeld generiert.
Im Programmsystem PLATIN 2 wird dabei zur Erstellung der primä- ren und sekundären Gleitlinienfelder (siehe Bild 8) folgender- maßen vorgegangen:
Die Innenkontur ist,wie zuvor in Abschnitt 3.3 beschrieben, elementweise in einem Feld abgespeichert (Bild 20). Jede Zeile dieses Feldes beschreibt ein Innenkonturelement. Das zweite Element einer solchen Zeile enthält die codierte Information, um welche Art von Linienelement es sich handelt. Die Linienele- mente selbst sind fortlaufend numeriert und so angenordnet, daß sie die Innenkontur im Uhrzeigersinn durchlaufend beschrei- ben.
Entsprechend diesem Feld, das im Programm in einer Schleife abgearbeitet wird, erstellt ein Unterprogramm das dazugehöri- ge Gleitlinienfeld.

Unter primären Gleitlinienfeldern sollen dabei Felder verstan- den werden, die direkt an die Innenkontur, mit mehr als nur einem Punkt angrezen. Gemäß der postulierten Randbedingungen ergibt sich dabei ein sogenanntes zweites oder "Cauchy-Randwert- problem", bei dem ein Gleitlinienfeld über einer Kurve bestimmt werden soll, die nicht selbst eine Gleitlinie ist. Die Gleit- linien stehen bei diesen Randbedingungen jeweils unter 45 ° auf der Innenkontur. Diese primären Gleitlinien lassen sich einfach analytisch beschreiben.

Über einem Kreisbogen entstehen logarithmische Spiralen

$$R\,(\varphi) = r_i\, e^{\alpha_M/2}\,,\tag{31}$$

wobei R der momentane Abstand vom Polarkoordinatenursprung im Mittelpunkt des Kreises mit dem Halbmesser r_i und α_M der Mittelpunktswinkel des Kreisbogenstückes ist. Über geraden Innenkonturelementen entstehen Geradengleitlinienfelder mit der Höhe

$$H = 0,5 \cdot l_{Element}\tag{32}$$

gemäß Bild 8.
Nachdem solchermaßen die primären Gleitlinienfelder über der gesamten Innenkontur erstellt sind, werden jene in Bild 8 mit II bezeichneten sogenannten sekundären Felder bestimmt.

Im Gegensatz zu den primären Gleitlinienfeldern handelt es sich dabei um ein erstes oder charakteristisches Randwertproblem, d. h. die sekundären Gleitlinienfelder sind über zwei gegebenen Kurven aufgebaut, die selbst Gleitlinien sind. Daher stehen die Gleitlinien der sekundären Felder senkrecht auf ihren Grenzgleitlinien. Hierbei bestehen die Gleitlinienfelder zwischen primären logarithmischen Spiralenfeldern und primären Geradenfeldern, aus Geraden und zur primären logarithmischen Grenzspirale äquidistanten Kurven.
Die sekundären Gleitlinienfelder über den primären Spiralenfeldern werden durch die sich zuvor eingestellten Geradengrenzgleitlinien zu Geradengleitlinienfeldern (siehe Bild 8).

Im Programmsystem PLATIN 2 wird die in einem Feld abgespeicherte Innenkontur mehrfach zyklisch abgearbeitet und dabei u. a. mittels der Unterprogramme PLPRSP und PLPRGE die entsprechenden Gleitlinienfelder erzeugt.

3.4.3   Tertiäre Gleitlinienfelder

Wie bei den zuvor beschriebenen sekundären Gleitlinienfeldern handelt es sich um ein erstes Randwertproblem, denn die Grenzkurven stellen selbst Gleitlinien dar.

Diese Grenzgleitlinien sind zu logarithmischen Spiralen äquidistante Kurven, ein allgemeingültiger Algorithmus zur einfachen Beschreibung solcher Randkurven für beliebige Innenkontur-
konfigurationen konnte nicht gefunden werden. Daher werden die
tertiären Gleitlinienfelder, wie im folgenden beschrieben, durch
Netzkonstruktion mit einer geeigneten Näherungsrechnung bestimmt. Die numerische Lösung der Differentialgleichungen (17)
besteht darin, die Differentialquotienten dy/dx durch die endlichen Differenzen

$$\Delta x = x_{k,l} - x_{k-1,l} \qquad \text{bzw.} \quad \Delta x = x_{k,l} - x_{k,l-1}$$

und $\qquad\qquad\qquad\qquad\qquad\qquad\qquad\qquad\qquad\qquad\qquad\qquad\quad$ (33)

$$\Delta y = y_{k,l} - y_{k-1,l} \qquad \text{bzw.} \quad \Delta y = y_{k,l} - y_{k,l-1}$$

zu ersetzen. Die Lösung der Gleichungen erfolgt somit durch
Bestimmung der gesuchten Funktionen in einer endlichen Anzahl
von Knotenpunkten eines Charakteristiken- bzw. Gleitliniennetzes.

Die Knotenpunkte werden nach dem in Bild 21 angegebenen Schema
numeriert.

Beim charakteristischen Randwertproblem (Bild 21) wird über je
einer I- und II-Linie ein Gleitliniennetz erstellt. Von diesen
Grundgleitlinien müssen die Koordinaten einzelner Linienpunkte
(im folgenden als Fußpunkte bezeichnet) und die dazugehörigen
Winkel α der Hauptspannung zur x-Achse bekannt sein.

Will man die Gleichungen (17) numerisch integrieren und die
Koordinaten $p_{k,l}$ berechnen, so muß als erstes $\alpha_{k,l}$ bestimmt
werden. Dies kann auf zwei Arten geschehen.

Ist die normierte mittlere Spannung

$$\omega = \frac{\sigma_m}{2k} \qquad\qquad\qquad\qquad\qquad\qquad\qquad\qquad\qquad\qquad (34)$$

bekannt, ist folgendes Vorgehen möglich:

Betrachtet man eine Masche des Gleitliniennetzes (Bild 22),

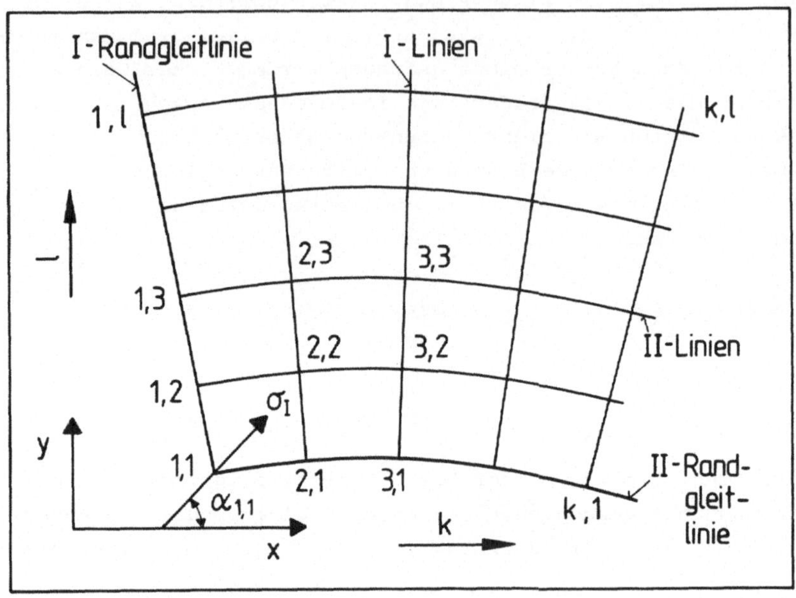

Bild 21: Numerierung der Knotenpunkte bei charakteristi-
schem Randwertproblem.

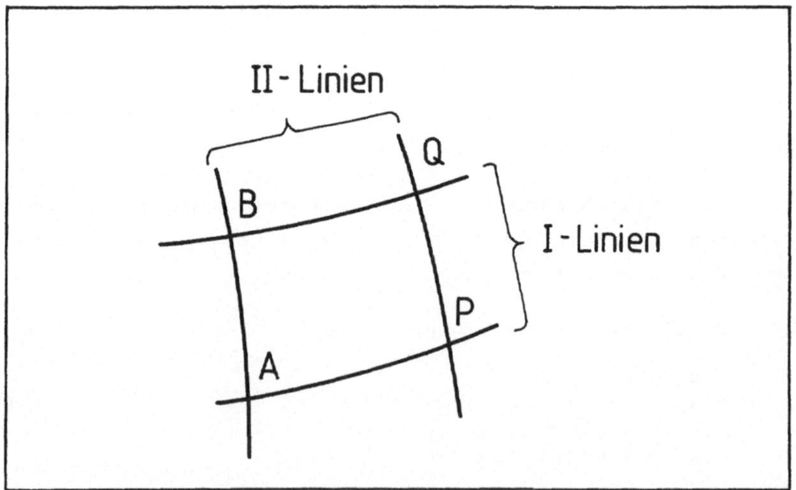

Bild 22: Masche eines Gleitliniennetzes.

so folgt aus den Gleichungen (18)

$$\omega_Q + \alpha_Q = \omega_B + \alpha_B, \tag{35}$$

$$\omega_Q - \alpha_Q = \omega_P - \alpha_P, \tag{36}$$

$$\omega_A + \alpha_A = \omega_P + \alpha_P, \tag{37}$$

$$\omega_A - \alpha_A = \omega_B - \alpha_B. \tag{38}$$

Will man Punkt Q berechnen, so folgt durch Auflösen von (35) und (36)

$$\alpha_Q = \omega_B + \alpha_B - \omega_Q \tag{39}$$

bzw.

$$\omega_Q = \omega_P - \alpha_P + \alpha_Q. \tag{40}$$

Die Gl. (40) in (39) eingesetzt ergibt:

$$\alpha_Q = \frac{1}{2} (\omega_B + \alpha_B + \omega_P + \alpha_P). \tag{41}$$

Numeriert man die Punkte gemäß Bild 21, so gilt für (41) und (40) entsprechend:

$$\alpha_{k,1} = \frac{1}{2} (\omega_{k,1-1} + \alpha_{k,1-1} - \omega_{k,1-1} + \alpha_{k-1,1}), \tag{42}$$

$$\omega_{k,1} = \omega_{k,1-1} + \alpha_{k,1-1} - \alpha_{k,1}. \tag{43}$$

Im vorliegenden Fall sind jedoch an der Innenkontur nur die Richtungen der Hauptspannungen als bekannt angenommen, daher kann ω an den Fußpunkten der tertiären Gleitlinienfelder zunächst nicht angegeben werden. Die Bestimmung von $\alpha_{k,1}$ hat daher auf geometrische Art zu erfolgen.
folgen.
Für den Punkt A in Bild 22 gilt analog durch Auflösen von (37) und (38):

$$\alpha_A = \frac{1}{2} (\omega_P + \alpha_P - \omega_B + \alpha_B). \tag{44}$$

Addiert man (41) und (44), so erhält man den Henckyschen Satz
[20]:

$$\alpha_Q - \alpha_P = \alpha_B - \alpha_A,$$

$$\alpha_Q = \alpha_B + \alpha_P - \alpha_A. \tag{45}$$

Die Beziehung (45) gemäß Bild 21 umgeschrieben lautet:

$$\alpha_{k,1} = \alpha_{k,1-1} + \alpha_{k-1,1} - \alpha_{k-1,1-1}. \tag{46}$$

Dadurch ist α für das gesamte Feld, auch ohne Kenntnis von ω ,
bestimmbar.

Zur Berechnung der Koordinaten des Punktes $P_{k,1}$ durch Integration der Gleichungen (17) werden in der Literatur mehrere Näherungslösungen angegeben. Die Formel nach Szcepinski [27] lautet:

$$y_{k,1} - y_{k,1-1} = \frac{1}{2} \underbrace{[\tan(\alpha_{k,1-1} + \frac{\pi}{4}) + \tan(\alpha_{k,1} + \frac{\pi}{4})]}_{A} (x_{k,1} - x_{k,1-1}),$$

$$\tag{47}$$

$$y_{k,1} - y_{k-1,1} = \frac{1}{2} [\tan(\alpha_{k-1,1} \frac{\pi}{4}) + \tan(\alpha_{k,1} - \frac{\pi}{4})] (x_{k,1} - x_{k-1,1}).$$

Hill [21] gibt folgende Lösung an:

$$y_{k,1} - y_{k,1-1} = \tan \underbrace{[\frac{1}{2}(\alpha_{k,1-1} + \alpha_{k,1}) + \frac{\pi}{4})]}_{A} (x_{k,1} - x_{k,1-1}),$$

$$\tag{48}$$

$$y_{k,1} - y_{k-1,1} = \tan \underbrace{[\frac{1}{2}(\alpha_{k-1,1} + \alpha_{k,1}) - \frac{\pi}{4})]}_{B} (x_{k,1} - x_{k-1,1}).$$

Die Formeln nach Sokolovskij [16] sind sehr stark vereinfacht und liefern nur bei sehr engmaschigen Netzen genaue Ergebnisse:

$$y_{k,1} - y_{k,1-1} = \tan \underbrace{(\alpha_{k,1-1} + \frac{\pi}{4})}_{A} (x_{k,1} - x_{k,1-1}), \tag{49}$$

$$y_{k,1} - y_{k-1,1} = \frac{\tan\left(\alpha_{k-1,1} - \frac{\pi}{4}\right)}{B}\left(x_{k,1} - x_{k-1,1}\right). \qquad (49)$$

Löst man die oben angegebenen Gleichungen (47) bis (49) nach $x_{k,1}$ und $y_{k,1}$ auf, so erhält man die Näherungsformeln:

$$x_{k,1} = \frac{y_{k-1,1} - y_{k,1-1} + A\, x_{k,1-1} + B\, x_{k-1,1}}{(A - B)},$$

$$(50)$$

$$y_{k,1} = y_{k-1,1} + \left(x_{k,1} - x_{k-1,1}\right) B.$$

A und B entsprechen den in den Gleichungen (47) u. f. durch geschweifte Klammern angegebenen Ausdrücken.

Mit der Formel nach Sokolovskij können die Knotenpunkte allein aus den geometrischen Daten der Fußpunkte berechnet werden. Sie stellen aber nur eine grobe Näherung dar und liefern nur bei genügend kleinen Punktabständen genaue Lösungen.

Die Formeln nach Szczepinski und Hill sind genauer, setzen aber die Kenntnis des Hauptspannungswinkels $\alpha_{k,1}$ des neuen Knotenpunktes voraus.

In dieser Arbeit wurde nun ein Verfahren der Kombination der Formeln von Szczepinski und Sokolovskij erstellt das es ermöglicht, auch bei rein geometrischer Berechnung von Gleitlinienfeldern gute Ergebnisse zu erzielen.

Die programmtechnische Lösung ist in Bild 23 und in Bild 24 mittels eines Ablaufdiagramms dargestellt.

Der Hauptspannungswinkel PHI3 (entspricht σ) wird aus der Winkelhalbierenden der Geraden 1,3 und 2,3 (Bild 23) berechnet. Um zu vermeiden, daß die Tangensfunktion der Winkel unendlich wird, wird bei kritischen Winkeln das Koordinatensystem um 45 ° gedreht. Mittels der Näherungsformeln erfolgt sodann die Bestimmung des tertiären Gleitlinienfeldes.

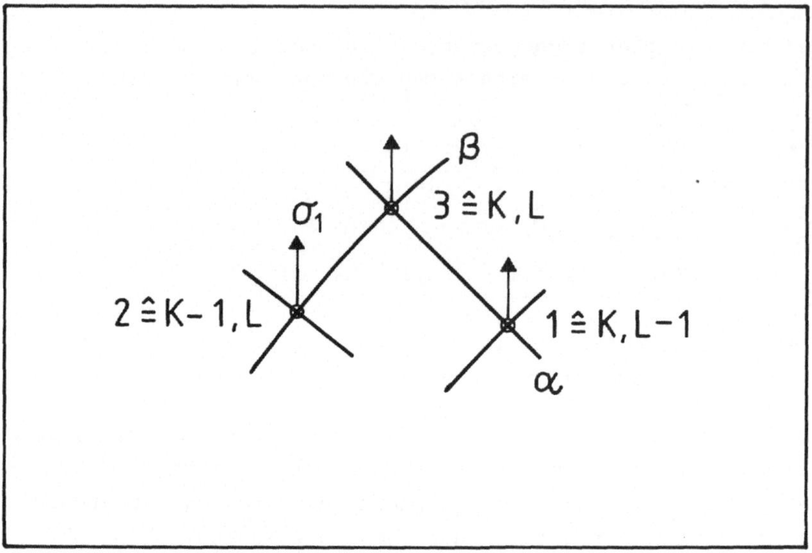

Bild 23: Bestimmung des neuen Knotenpunktes 3.

3.4.4   Gleitlinienfelder bei nach innenspringenden Ecken

Über einem Innenkreis oder "negativem" Kreisbogenelement der
Innenkontur (Bild 25), deren Spannungszustand nur unvollstän-
dig bekannt ist, soll aufgrund geometrischer Gesetzmäßigkei-
ten der Gleitlinientheorie ein Gleitliniennetz erstellt werden.
Außerdem sollen die sich ergebenden sekundären Felder bei angrenzendem "positiven" Kreisbogen sowie angrenzendem Geradenstück untersucht werden.

Es handelt sich hier um ein primäres Gleitlinienfeld über
einer Kurve, die nicht selbst Gleitlinie ist, also um ein sogenanntes "Cauchy-Randwertproblem". Die Gleitlinien müssen dabei
gemäß der Spannungsrandbedingung in Bild 11 jeweils unter 45 °
zur Innenkontur aufsteigen.

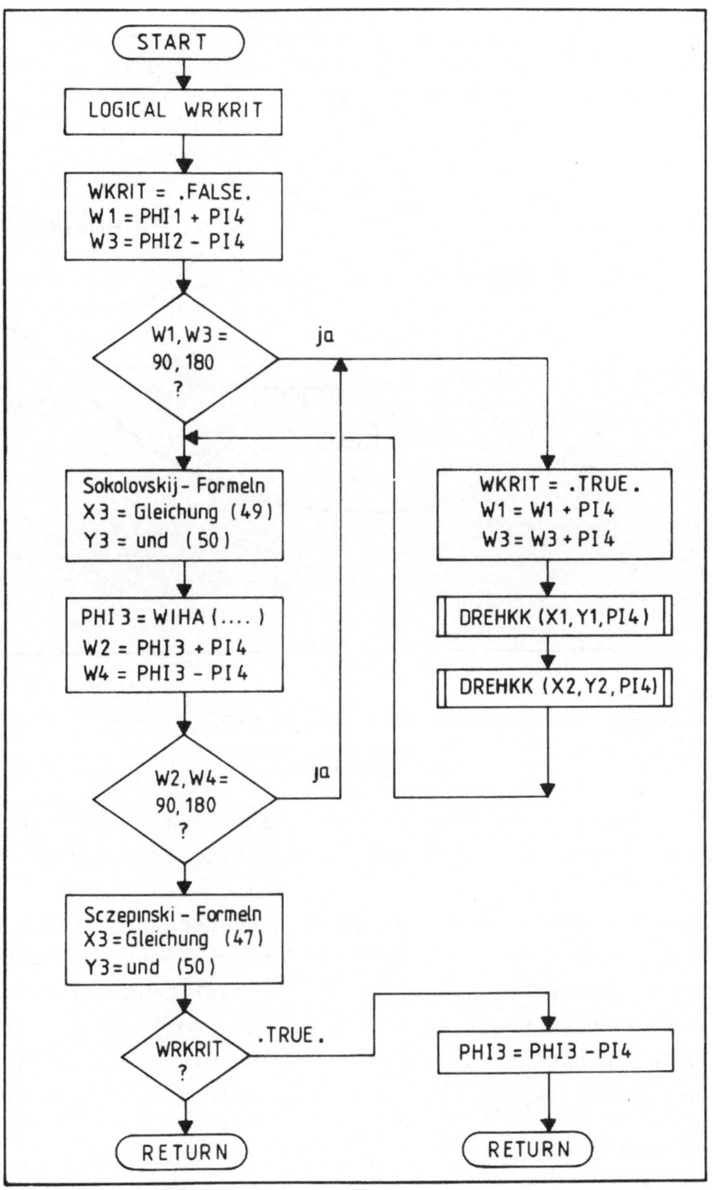

Bild 24: Ablaufdiagramm des Unterprogrammes RKGEO.

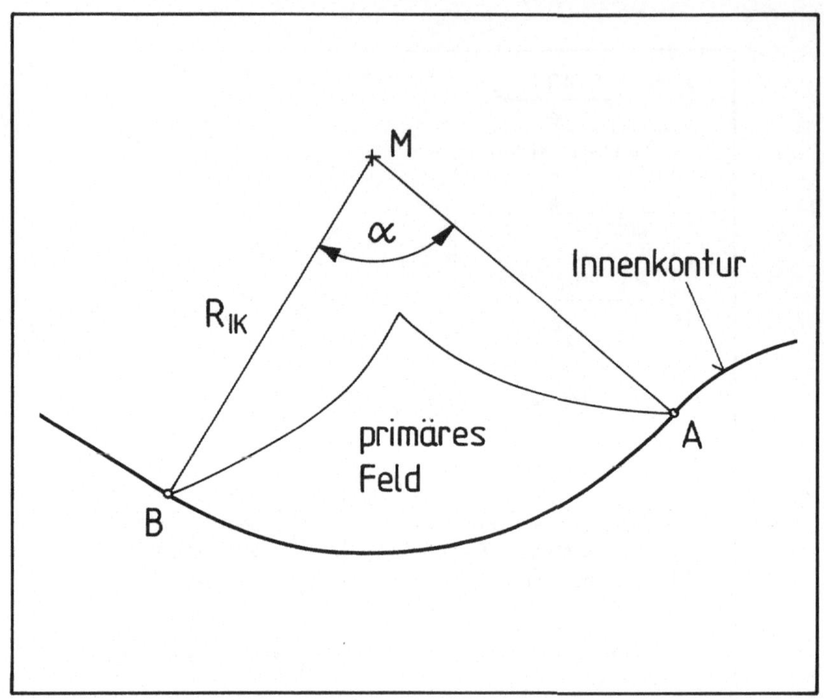

Bild 25: Innenkontur mit nach innenspringender Ecke.

Mittels eines nicht näher beschriebenen Algorithmus werden
auf dem "negativen" Kreisbogen Fußpunkte in äuqidistanter Verteilung definiert.
Da die mittlere Spannung σ_m an der Innenkontur unbekannt ist,
muß der Hautpspannungswinkel α aufgrund geometrischer Überla-
gerungen ermittelt werden. Gleichung (46) kann bei Cauchy-
Randwertproblem nicht angewandt werden, weil zur Ermittlung
der Knotenpunkte nur je zwei Fußpunkte mit bekanntem α zur Verfügung stehen ($\alpha_{k-1,\ 1-1}$ ist unbekannt).

Durch Bestimmung der Winkelhalbierenden der Geraden $P_{k-1,1}$-
$P_{k,1}$ und $P_{k,1-1}$ - $P_{k,1}$ nach Bild 26 kann aber $\alpha_{k,1}$ gut angenähert werden, soweit die Punkteabstände genügend klein blei-

ben. Dazu müssen aber die Koordinaten von $P_{k,1}$ bereits berechnet sein. Dies ist mit den Rekursionsformeln nach Sokolovskij
möglich (Gleichungen (49) und (50)). Da diese Formeln sehr
stark vereinfacht sind, ist es sinnvoll, das so ermittelte
$\alpha_{k,1}$ in die genaueren Formeln nach Szczepinski (Gleichungen
(47) und (50)) einzusetzen und die Koordinaten des Punktes
$P_{k,1}$ erneut zu berechnen (siehe Bild 24).

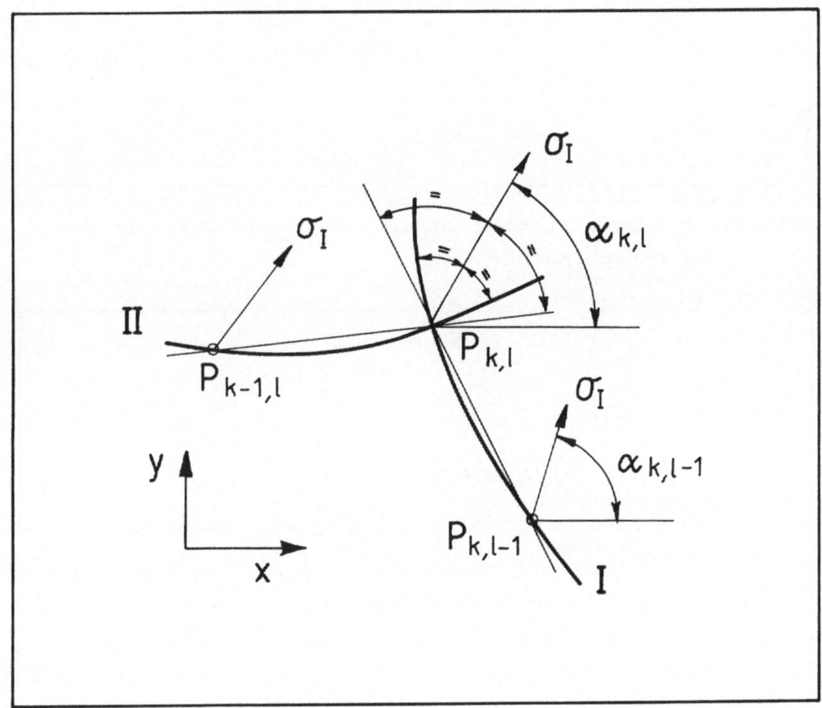

Bild 26: Geometrische Bestimmung des Hauptspannungswinkels α.

Diese Vorgehensweise liefert gute Ergebnisse, wie die Bilder
27 und 28 zeigen.

Wie Bild 28 bei einem Mittelpunktswinkel des Kreisbogens von
360 ° zeigt, überstreichen die beiden Grenzspiralen vom Fuß-

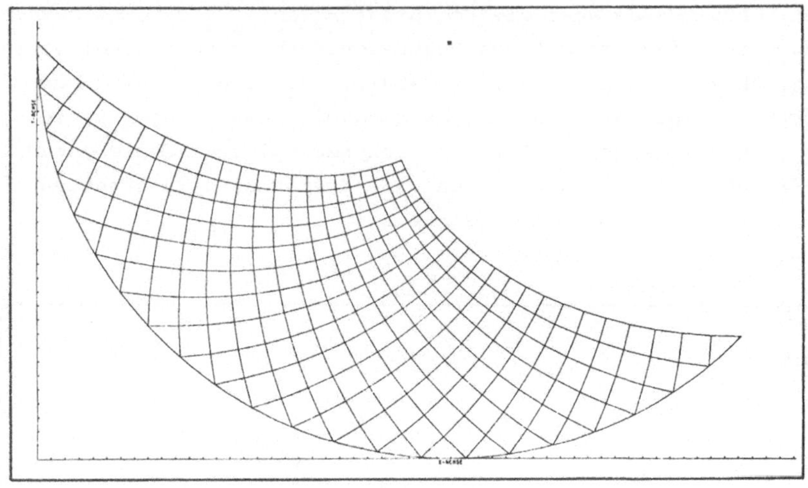

Bild 27: Netzkonstruktion von Gleitlinienfeldern für nach
         innenspringende Ecken.

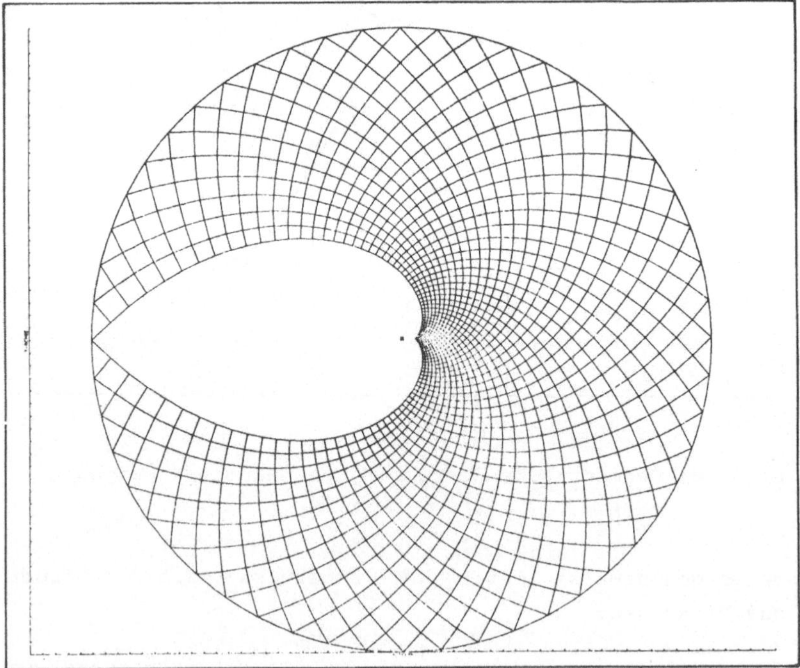

Bild 28: Netzkonstruktion.

punkt auf dem Kreis bis zum Gipfelpunkt des Feldes einen Winkel von 180 °. Daraus kann die analytische Gleichung der Grenzspiralen bei beliebigem Mittelpunktswinkel α_M wie folgt hergeleitet werden (Bild 29).

Die Gleichung einer logarithmischen Spirale lautet:

$$R = R_0 \, e^{\varphi'} . \tag{51}$$

Der äußerste Punkt einer Spirale berechnet sich aus:

$$R_{max} = R_0 \, e^{\varphi'_{max}} . \tag{52}$$

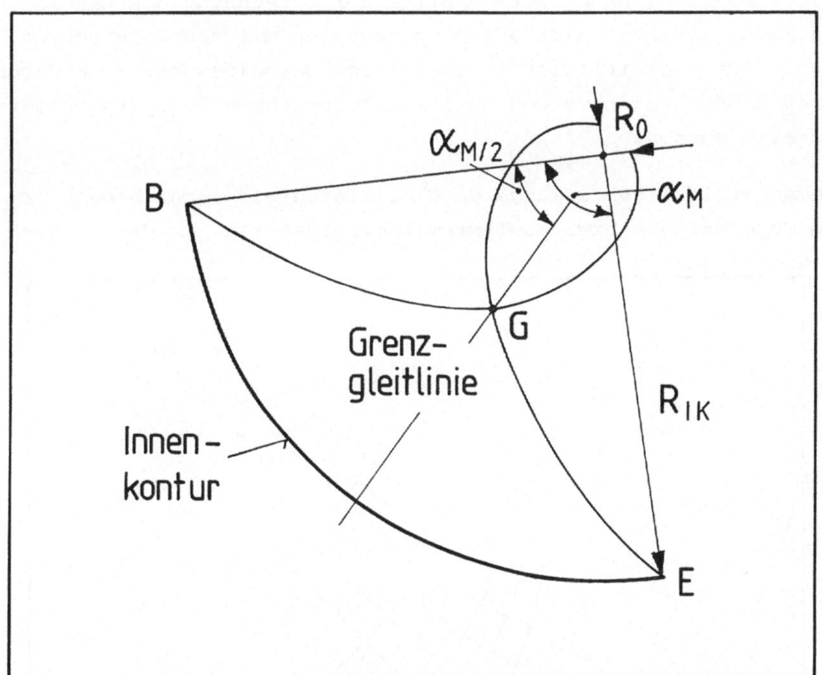

Bild 29: Herleitung der Gleichung der Grenzspirale.

Nach R_0 aufgelöst:

$$R_0 = R_{max}/e^{\varphi'_{max}} = R_{IK}/e^{\pi} \tag{53}$$

Der Gipfelpunkt G eines primären Feldes (Bild 29) ist abhängig vom Mittelpunktswinkel α_M und ergibt sich aus:

$$\varphi'_{min} = \pi - \alpha_M/2, \tag{54}$$

$$R_{min} = R_o \, e^{\varphi'_{min}}. \tag{55}$$

Die Formel zur Berechnung der Grenzspirale bis zum Gipfelpunkt G lautet dann:

$$R = R_o \cdot e^{\varphi'}, \qquad \varphi'_{min} \le \varphi' \le \pi. \tag{56}$$

Somit wird eine einfachere Berechnung angrenzender sekundärer Felder möglich. Dabei wird ähnlich der Berechnung des tertiären Feldes in Abschnitt 3.4.3 vorgegangen mit dem Unterschied, daß die Grenzgleitlinien in analytisch geschlossener Form durch Geraden oder negative und positive logarithmische Spiralen dargestellt werden.

Die so ermittelten sekundären Gleitlinienfelder bei benachbartem Geradenstück bzw. positivem Kreisbogen sind in den Bildern 30 und 31 gezeigt.

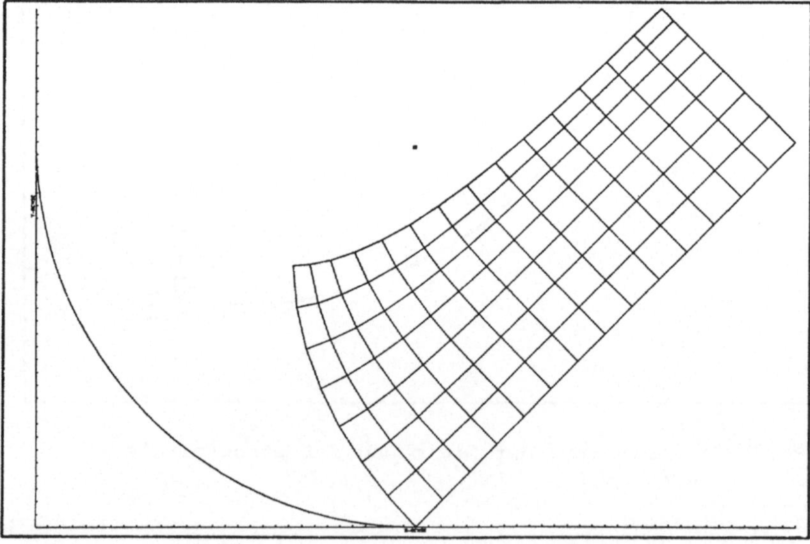

Bild 30: Sekundäres Gleitlinienfeld über negativer Spirale und Geraden.

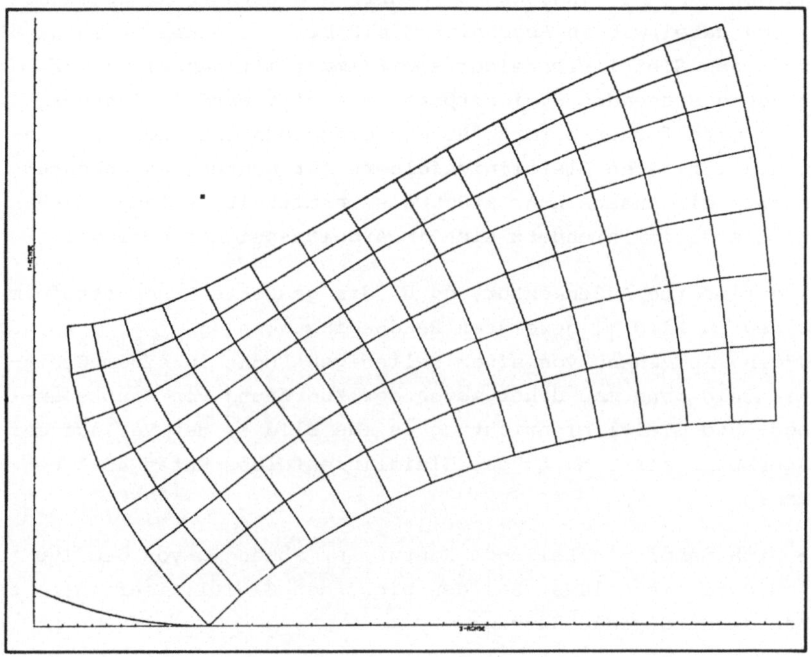

Bild 31: Sekundäres Gleitlinienfeld über negativer und
positiver logarithmischer Spirale.

3.5 Berechnung der Platinenkontur

Die Intention des Programmes verlangt, daß auch komplexere
Geometrien berechenbar sein sollen, dies bedeutet, eine größere Anzahl von Innenkonturelementen muß erfaßbar sein. Über
jedem Element der Innenkontur erheben sich eigene Gleitlinienfelder, welche, insbesondere wenn sie mit Gitterkonstruktion
erstellt sind, einen hohen Speicherplatzbedarf besitzen. Es
ist daher wegen des im Normalfall eng begrenzten Kernspeicher-
platzes nicht möglich, das gesamte Gleitlinienfeld eines kom-
plexeren Teiles während des Programmlaufes ständig als aktuelle
Daten bereitzuhalten.

Im Programmsystem PLATIN 2 wurde diese Schwierigkeit dadurch
umgangen, daß die Innenkontur mehrfach alternierend abgearbeitet und dabei,wie in Abschnitt 3.4.2 bis 3.4.4 beschrieben, die
jeweiligen Gleitlinienfelder somit immer mit demselben zur
Verfügung stehenden Speicherplatz erstellt werden. Darüber
hinaus wird ferner sofort für ein einzelnes oder bei sekundären und terziären Gleitlinienfeldern für mehrere Innenkonturelemente die Außenkontur stückweise ermittelt, solange das
aktuelle Gleitliniennetz sich im Arbeitsspeicher befindet.

Die optimierte Außenkontur, d. h. die gesuchte Zuschnittsform,
muß den in Bild 11 gezeigten Randbedingungen ($\sigma_{normal\ Ak} = \sigma_1 = 0$)
genügen. Ausgehend von einem beliebigen Punkt in einem Gleitlinienfeld kann man daher wegen der Zuordnung von Hauptspan-
nungs- und Gleitlinienrichtung (siehe Bild 3) den Verlauf der
Außenkontur als Schnitt des Gleitlinienfeldes unter 45 ° bestimmen.

Die sich dabei einstellende Kontur ist abhängig von dem Typ
des Gleitlinienfeldes. Bei den einzelnen Gleitlinienfeldern ergeben sich folgende Kurven:

- Geradenfeld	Gerade
- logarithmische Spiralenfelder	Kreisbögen
- Geraden-Sprialenfelder	Polygonzug mittels
- mittels Netzkonstruktion	einer Näherungskon-
erstellte Felder	struktion

In Bild 8 sind diese Konturelemente als Bestandteile der ge-
zeichneten Außenkontur in den dazugehörenden Gleitlinienfeldern dargestellt.

Die oben genannte Näherungskonstruktion des Schnittes eines
Gleitlinienfeldes unter 45 ° erfolgt auf einfache Art mittels
beliebig kleinen Geradenstücken als Verbindung zwischen be-
kannten Knotenpunkten des Gleitlinienfeldes. Die sich einstellende Außenkontur in diesen Bereichen entspricht einem Polygonzug.

Der als beliebig beschriebene Punkt im Gleitlinienfeld,von dem aus die Außenkontur startet, wird in Abhängigkeit von der gewünschten Ziehteilhöhe u. a. gemäß Abschnitt 2.2.1.1 festgelegt.

Bei der oben beschriebenen stückweisen Bestimmung der Außenkontur treten, bedingt durch numerische Näherungen, Ungenauigkeiten auf, die sich beim Zusammenfügen der Außenkontur als Übergangssprünge zeigen können. Um nun in jedem Fall einen glatten Verlauf der Außenkontur zu erhalten, wird eine Ausgleichsrechnung durchgeführt. Die zuvor aufgetretenen Sprünge der Außenkontur werden bezüglich Betrag und Vorzeichen festgehalten. Entsprechend dieser Informationen wird der jeweilige Startpunkt der Außenkonturstücke geringfügig korrigiert und die Außenkontur damit neu ermittelt.

Unterschreitet sowohl die Summe der Quadrate aller Sprunggrößen als auch jede Einzelsprunggröße die vorgegebenen Grenzwerte (bzw. kann keine Verbesserung mehr erreicht werden), ist die Ausgleichsrechnung abgeschlossen und der Verlauf der Außenkontur letztlich bestimmt.

3.6   Spannungsanalyse

Das gültige Gleitlinienfeld beschreibt gemäß Gleichung (22), Abschnitt 1.2, die Änderung der mittleren Spannung σ_m.

Die im Rechenmodell angenommenen Randbedingungen sind in Bild 11 dargestellt. Bei Anwendung der Gleichung (15) des Mohrschen Spannungskreises bzw. der Fließbedingung (10 u. f.) kann damit die komplette Spannungsverteilung angegeben werden.

Besondere Bedeutung kommt dabei der Wahl der Randbedingungen zu. An der Innenkontur wurden die Hauptspannungsrichtungen so festgelegt, daß eine Generierung der Gleitlinienfelder bei beliebiger Geometrie möglich wurde. Andererseits muß an der Außenkontur wegen der freien Oberfläche und dem charakteristischen Spannungszustand beim Zug-Druck-Umformen Tiefziehen, ebenfalls eine Spannungsrandbedingung hinsichtlich Betrag und Richtung, gemäß Bild 11, unter Einbeziehung der Fließbedingung (10 u. f.) angenommen werden.

Hierbei treten jedoch Schwierigkeiten auf. Wie in Bild 32 dargestellt, wird auf dem Weg von P_1 nach P_3 eine andere Krümmung der Gleitlinie durchlaufen als von P_2 nach P_3.

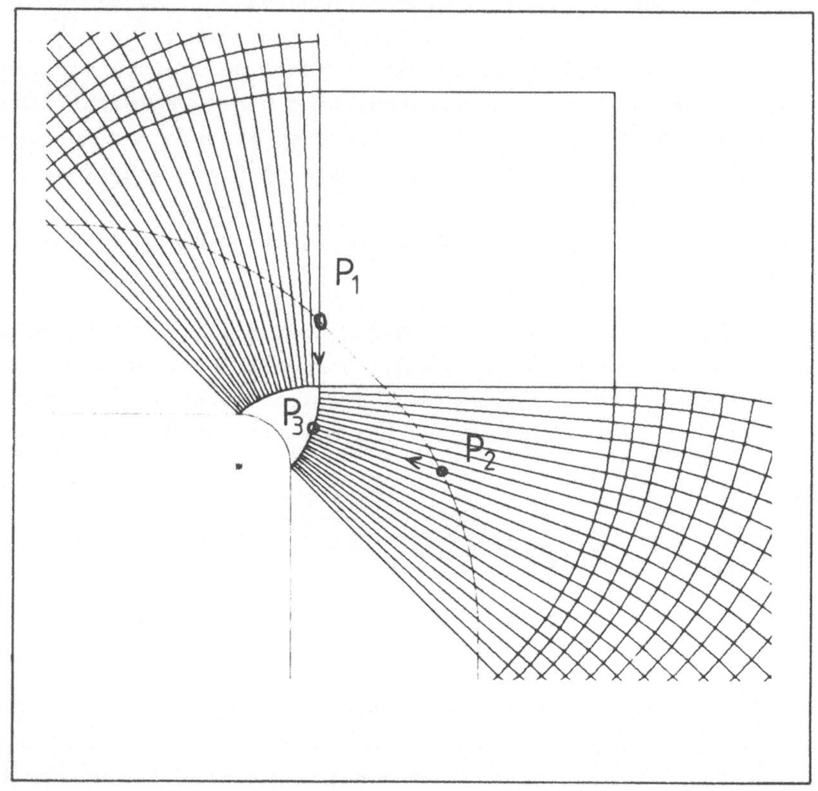

Bild 32: Spannungsermittlung im Gleitlinienfeld.

Damit werden nach Gleichung (22) bei Erfüllung der Spannungsrandbedingung an der Außenkontur für P_3 widersprüchliche Werte für den Spannungszustand ermittelt.

Es zeigt sich, daß die Spannungsrandbedingung an der Außenkontur überzählig ist und von dem allein durch den Verlauf der

Innenkontur und der Spannungsrandbedingung an der Innenkontur bestimmten Gleitlinienfeld zunächst nicht erfüllt werden kann.

Da die Bedingung

$$\sigma_{IAk} = \sigma_{normal\ Ak} = 0 \tag{57}$$

an einer freien Oberfläche jedoch von zwingender Logik ist, muß nach Möglichkeiten ihrer Erfüllung gesucht werden.

Der Gedanke, in diskreten Bereichen der Flanschebene innerhalb des Gleitlinienfeldes starre Zonen mit (siehe Abschnitt 1.1)

$$J_2 < k^2 \tag{58}$$

zuzulassen und damit zu einer nicht mehr in jedem Punkt plastischen Außenkontur zu gelangen, wurde fallengelassen. Zwar wäre damit u. U. eine Umgehung oben beschriebenen Widerspruches möglich gewesen, jedoch hätte man dann nicht mehr von einem Gleitlinienfeld, sondern von Schubspannungstrajektorien bei der weiteren Analyse ausgehen müssen. Der logisch konsequente Aufbau der Vorgehensweise wäre damit verlorengegangen.

Vielmehr wurde mittels einer im folgenden beschriebenen Ausgleichsrechnung eine näherungsweise Lösung des Problems unter Beibehaltung der Gleitlinienfelder gefunden.

Hierzu wird, ausgehend von einem Außenkonturpunkt, die Spannungsrandbedingung in Bild 11 streng eingehalten und mit der Gleichung

$$\sigma_{mI} = 2\,k\,(\Delta\vartheta) + \sigma_{mA} \tag{59}$$

die mittlere Spannung an der Innenkontur bestimmt.

Mit

$$\sigma_{mA} = -\,2\,k\,(\Delta\vartheta) + \sigma_{mI} \tag{60}$$

wird dann von der Innenkontur aus die Spannungsverteilung an der Außenkontur bestimmt. Die numerische Integration der so punktweise bestimmten Funktion des Spannungsverlaufes an der

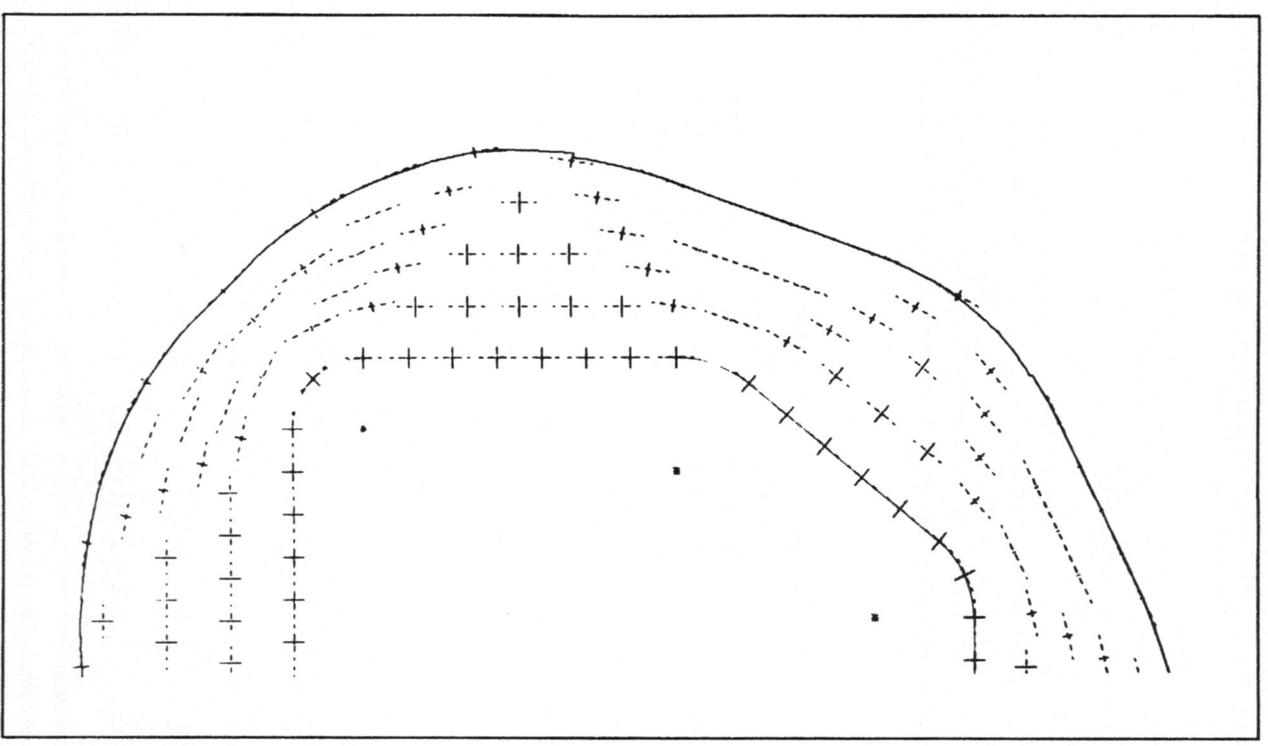

Bild 33: Spannungsdarstellung durch Hauptspannungskreuze (Druckspannungen gestrichelt).

Außenkontur ergibt ein Maß für die notwendige Korrektur der eingangs ermittelten Spannung σ_{mI}. Damit wird die Spannungsrandbedingung

$$\sigma_{normal\ Ak} = 0 \qquad (61)$$

über die gesamte Außenkontur gesehen erfüllt.

Mit dem so korrigierten Wert für die mittlere Spannung und der Gleichung (10 u. f.) wird die Spannungsanalyse durchgeführt und das Ergebnis mittels Hauptspannungskreuzen in Bild 33 dargestellt.

Auf eine mehrfache Wiederholung dieser Ausgleichsrechnung in Form einer Iteration wird verzichtet. Die Gründe hierfür sind die Beschränkung der Rechenzeit im Dialogbetrieb und die ausreichende Genauigkeit bei dem realisierten Vorgehen.

Diese Vorgehensweise der Überlagerung einer quasi-hydrostatischen Spannung an der Außenkontur erfüllt die geforderte Spannungsrandbedingung

$$\sigma_{normal\ Ak} = 0 \qquad (62)$$

zwar nicht streng lokal, jedoch näherungsweise global über der Außenkontur als ganzem und erlaubt damit eine im nächsten Kapitel beschriebene Ziehkraftberechnung.

3.7   <u>Berechnung der Ziehkraft</u>

Die Berechnung der Ziehkraft gliedert sich prinzipiell gemäß der Formel

$$F_z = F_{id} + F_B + F_R \qquad (63)$$

in drei Abschnitte.

Die ideelle Umformkraft wird anhand der durch die Gleitlinienmethode bestimmten Spannungen ermittelt.

Die Spannungen $\sigma_{1_{Ik}} = \sigma_{normal\ Ik}$ über der Innenkontur integriert ergeben den Ausdruck

$$F_{id} = \sigma_{1_{Ik}} \, Ik, \qquad [k \; mm] \qquad\qquad (64)$$

welcher mit

$$R_{0,2} = 2 \, k \qquad\qquad [N/mm^2] \qquad\qquad (65)$$

auf die realen Verhältnisse projeziert zu

$$F_{id} = \sigma_{1_{Ik}} \, 0,5 \, R_{0,2 \, Werkstoff} \, Ik \; s \quad [N] \qquad\qquad (66)$$

führt.

Die Reibung, aufgeteilt in Reibung zwischen Flansch und Niederhalter bzw. Matrize und entlang der Ringrundung, sowie der Biegeanteil werden nach der Formel

$$F_z = [e^{(\mu \pi/2)} (\sigma_{1_{Ik}} \, 0,5 R_{0,2} + \frac{2\mu\sigma_N Ik(h_z - r_R)}{Ak \; s}) + \frac{R_{0,2} \; s}{2 \, r_R}] Ik \; s \, [N] \qquad (67)$$

bestimmt.

Die Formel stellt eine bezüglich den Belangen von unregelmäßigen Teilen modifizierte Form der von Siebel /Beisswänger in
[28] angegebenen Formel dar.

Die Komponenten von F_z sind hierbei im einzelnen:

Reibungsanteil der Ringrundung	$e^{\mu \pi/2} \, Ik_1 \; s,$ (68)
Ideeller Anteil der Um-formung im Flansch	$\sigma_{1_{Ik}} \, 0,5 R_{0,2} Ik_1 \; s,$ (69)
Reibungsanteil zwischen Ring und Halter	$\dfrac{2\mu \, \sigma_N Ik_1 (h_z - r_R)}{Ak_1 \; s} Ik_1 \; s,$ (70)
Biegeanteil entlang der Ringrundung	$\dfrac{R_{0,2} \; s}{2 \, r_R} Ik_1 \; s,$ (71)

wobei die Kraftanteile, Reibung zwischen Ring und Halter plus
ideeller Anteil der Umformung an der Ringrundung zur Wirkung
kommen, während der Biegeanteil nur zusätzlich als additives
Glied entlang der Innenkontur auftritt.

Für μ wurde gemäß [29] ein Wert von 0,1 gewählt.

Die Niederhalterspannung wurde [20] mit $\sigma_N = 0,1$ N/mm² angenommen.

Die Genauigkeit der Ziehkraftberechnung hängt wesentlich von der Einhaltung der gemachten Annahmen bezüglich der Reibzahl μ und der Niederhalterspannung σ_N ab.

Ebenso sind die im Rechenmodell angesetzten Abstraktionen des realen Vorgangs zu berücksichtigen, d. h. insbesondere das starr-idealplastische Werkstoffmodell, die isotropen Werkstoffeigenschaften und die Annahmen des ebenen Fließens ohne Einflüsse in Blechdickenrichtung. Der abfallende Teil des Kraft-Weg-Verlaufes wird gut angenähert (siehe Verschiebung in Bild 34), während der aufsteigende Teil zu Beginn des Vorgangs nicht berücksichtigt ist.
Ein durchgeführter Vergleich zwischen Rechnung und Experiment ist in Bild 34 dargestellt. Hier wird die gute Übereinstimmung von Rechnung und Experiment deutlich, jedoch sind auch die Grenzen der zugrundegelegten Theorie erkennbar.

Im normalen Programmlauf wird nur der zur Maschinenauswahl benötigte Maximalwert der Ziehkraft ausgegeben.

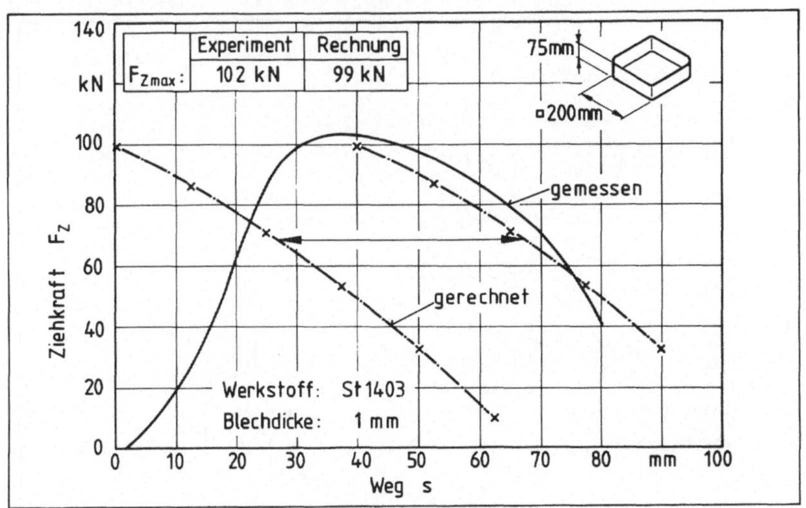

Bild 34: Vergleich zwischen gemessenem und berechnetem Kraft-Weg-Verlauf.

3.8   Bewegungsanalyse

3.8.1   Geschwindigkeiten

Gemäß den Darstellungen in Abschnitt 1.2, Gleichungen (23, 24 und 25), läßt sich das Geschwindigkeitsfeld im Flansch des Ziehteiles aufstellen. Kinematische Randbedingung ist dabei eine angenommene Normalgeschwindigkeit an der Innenkontur. Diese Geschwindigkeit soll den Betrag der Stempelgeschwindigkeit besitzen (siehe Bild 11).

Wie die Untersuchung zeigt, läßt sich diese kinematische Randbedingung widerspruchsfrei im gesamten Flansch erfüllen. Die Verteilung der Geschwindigkeiten ist überall stetig, Sprünge oder Unstetigkeitslinien treten nicht auf.

Die ermittelte Gleitlinienlösung ist damit zulässig [30].

Die Hauptdeformationsrichtungen stimmen mit den Hauptspannungsrichtungen in jedem Punkt überein [11].

Die Darstellung der Geschwindigkeitsverteilung erfolgt mit Hilfe von Vektoren, siehe Bild 35.

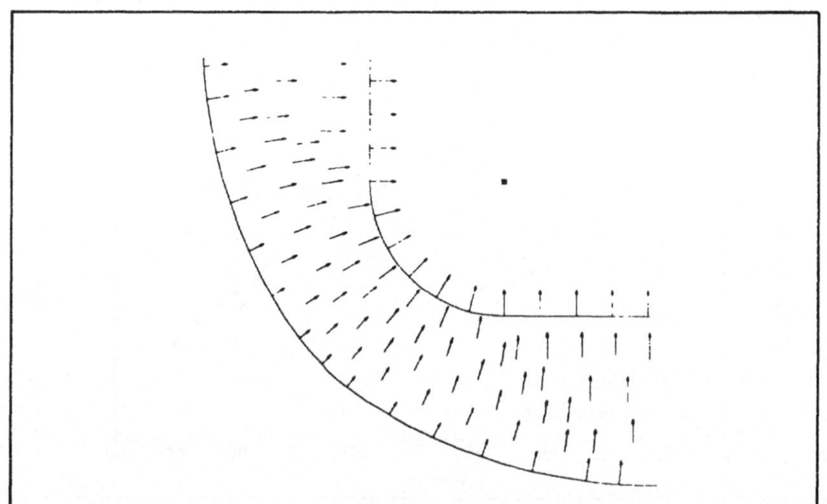

Bild 35: Darstellung der Geschwindigkeitsverteilung mit Vektoren.

3.8.2 Formänderungsgeschwindigkeiten und Formänderungen

Ausgehend von der Geschwindigkeitsverteilung werden über die
Bestimmung der Formänderungsgeschwindigkeit, die Vergleichsformänderungsgeschwindigkeit und die Vergleichsformänderungen
ermittelt.

Die Formänderungsgeschwindigkeit $\dot{\varepsilon}$ ergibt sich aus:

$$\dot{\varepsilon} = \frac{\partial v}{\partial l} \; . \tag{72}$$

Die Vergleichsformänderungsgeschwindigkeit für ebenes Fließen
bei gültiger Kontinuitätsbeziehung lautet [20]:

$$\dot{\varepsilon}_v = \sqrt{\frac{2}{3} \, (\dot{\varepsilon}_1^2 + \dot{\varepsilon}_2^2 + \dot{\varepsilon}_3^2)} \tag{73}$$

$$\text{mit } \dot{\varepsilon}_3 = 0 \text{ und } \dot{\varepsilon}_1 = - \dot{\varepsilon}_2 \; .$$

Daraus folgt:

$$\dot{\varepsilon}_v = \frac{2}{\sqrt{3}} \, \dot{\varepsilon}_I \; .$$

Die Vergleichsformänderung ergibt sich zu:

$$\varepsilon_v = \int_{t_0}^{t_1} \dot{\varepsilon}_v dt \; . \tag{74}$$

Die im Rechnerprogramm realisierte Ermittlung und Darstellung
der Formänderungen ist im nächsten Abschnitt 3.8.2.1 aufge-
zeigt.

3.8.2.1 Numerische Ermittlung der Vergleichsformänderungen

Die numerische Ermittlung der Formänderungen erfolgt, bedingt
durch die Struktur des Programmsystems, elementweise über der
Innenkontur verteilt.

Punkte der Außenkontur bewegen sich gemäß der Geschwindigkeitsverteilung auf die Innenkontur zu.

Ein in Hauptdeformationsrichtung gelegtes endliches Streckenelement besitzt in seinem Anfangs- bzw. Endpunkt die durch die Geschwindigkeitsverteilung gegebenen Geschwindigkeiten (siehe Bild 36). Zum Zeitpunkt t_o besitzt dieses Streckenelement die gemittelte resultierende Geschwindigkeit v_o und die endliche Länge l_o.

Nach einer vorzugebenden endlich kleinen Zeitspanne

$$\Delta t = t_1 - t_o \tag{75}$$

stellen sich analog die Werte v_1 und l_1 sowie die Verschiebungswerte gemäß der Geschwindigkeitsverteilung ein.

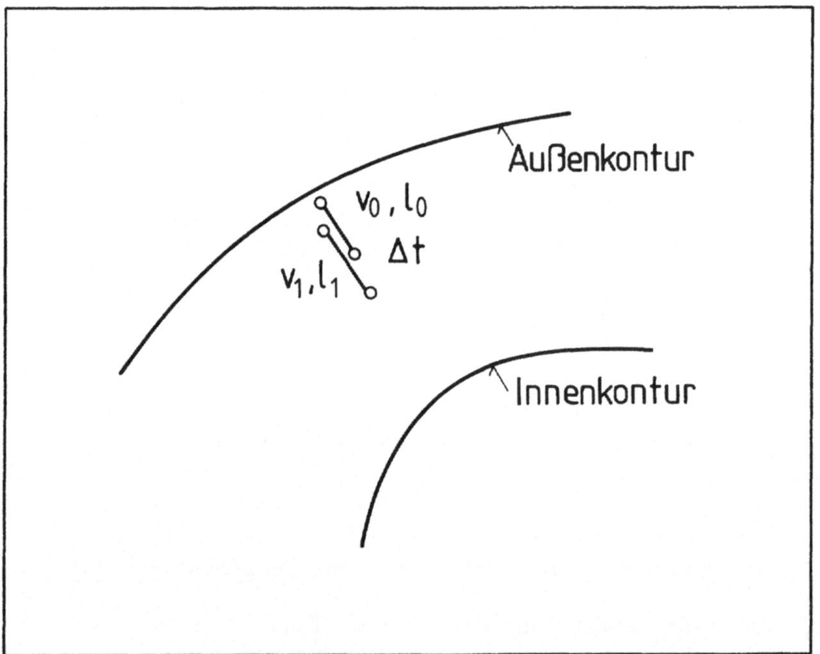

Bild 36: Streckenelemente zur Ermittlung der Formänderungen.

Damit läßt sich eine der Gleichung (72) entsprechende Differenzenbeziehung für die Formänderungsgeschwindigkeit

$$\dot{\varepsilon} = \frac{\partial v}{\partial l} \simeq \frac{v_1 - v_0}{l_1 - l_0} \tag{76}$$

bilden.

Daraus folgt gemäß (73) die Vergleichsformänderungsgeschwindigkeit $\dot{\varepsilon}_v$, sowie nach (74) die Vergleichsformänderung:

$$\varepsilon_v = \int_{t_0}^{t_1} \dot{\varepsilon}_v dt = \dot{\varepsilon}_v \cdot \Delta t. \tag{77}$$

Diese Vorgehensweise wird nun solange wiederholt, bis das endliche Streckenelement die Innenkontur erreicht hat und das
Teil durchgezogen ist.

Die in jedem Schritt ermittelte Vergleichsformänderung wird
entlang der Bahnlinie aufaddiert.

Am Ende des Vorgangs können damit an diskreten Punkten der Innenkontur die so bestimmten Vergleichsformänderungen angegeben
werden.

Die Bahnlinien, also die während des Vorganges von Punkten des
Flansches tatsächlich durchlaufenen Wege, nehmen entsprechend
der Gleitlinienfelder unterschiedliche Formen an. In Geraden-
und logarithmischen Spiralengleitlinienfeldern haben die Bahnlinien die Form von Geraden. In logarithmischen Spiralenfeldern
bilden die Bahnlinien zentrische, auf den Eckenmittelpunkt ge-
richtete Fächer, während in Geradengleitlinienfeldern die Bahnlinien parallel verlaufen.

In sekundären und tertiären Gleitliniennetzen haben die Bahnlinien entsprechend der Krümmung der Gleitlinien die Form beliebiger Kurven.

Die Zeitschrittweite Δt und die Anfangsstreckenlänge l_0 wurden
im Programm in einer Reihe von Rechnungen so variiert, daß ein
Optimum zwischen Rechenzeit und verbleibender Änderung der
Rechenergebnisse bei weiterer Reduzierung von Δt bzw. l_0 er-
zielt wird.

Die Darstellung der ermittelten Vergleichsformänderungen und
der Bahnlinien erfolgt in Bild 37. In diesem Bild ist die Vergleichsformänderungsverteilung entlang der Innenkontur angegeben. Die Werte beziehen sich auf Punkte, die von der Außenkon-

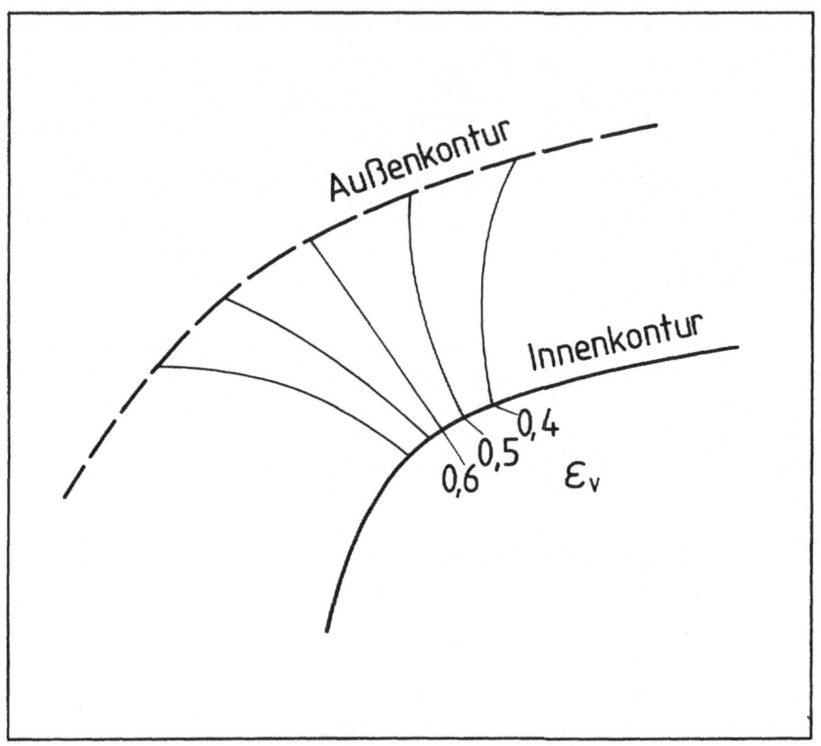

Bild 37: Bahnlinien und Vergleichsformänderungen.

tur zur Innenkontur entlang der eingezeichneten Bahnen gewan-
dert sind und am Ende des Vorgangs die angegebene Vergleichsformänderung erfahren haben.

Aus den in Abschnitt 3.4.1 gemachten Ausführungen über das der
Rechnung zugrundeliegende Modell kann das direkt berechenbare
Teilespektrum abgeleitet werden.
Prinzipiell sind damit zunächst Teile mit beliebiger ebener
Kontur und dazu senkrechter Zarge und planparallelem Boden er-
faßbar.

Wie später beschriebene Versuche jedoch zeigten, ist eine Erweiterung der Teileordnung über diesen Rahmen hinaus in gewis-
sen Grenzen möglich.

In Bild 38 sind das mit dem Programm PLATIN 2 direkt berechenbare Teilespektrum, sowie weitere teilweise manuell kombinier-
bare Formen dargestellt.

Im Programmlauf werden neben den die ebene Geometrie der Innenkontur beschreibenden Daten fünf weitere Geometrieinformationen
erwarten, die das mögliche Teilespektrum beeinflussen.

- Bodenrundungsradius
- Ziehteilhöhe
- Flanschbreite
- Ringrundungsradius
- Kegelwinkel (bei nichtprismatischen Teilen).

Die Größe des Bodenrundungsradius kann zwischen (theoretisch)
0 und der Größe des kleinsten (positiven) Eckenradius gewählt
werden. Der Bodenrundungsradius muß für das ganze Ziehteil
konstant bleiben.

Die Ziehteilhöhe kann innerhalb technologischer Grenzen frei
gewählt werden. Im Programmlaufprotokoll wird ein vom kreisrunden Ziehteil abgeleitetes Ziehverhältnis für die einzelnen Ek-
ken des Teiles angegeben. Wird die Ziehteilhöhe so groß gewählt,
daß der Verlauf der Zuschnittsform außerhalb des Gleitliniennetzes zu liegen kommt, bricht der Programmlauf ab. Ziehteile
mit einer solchen Ziehtiefe lassen sich aber in der Regel nicht
mehr herstellen.

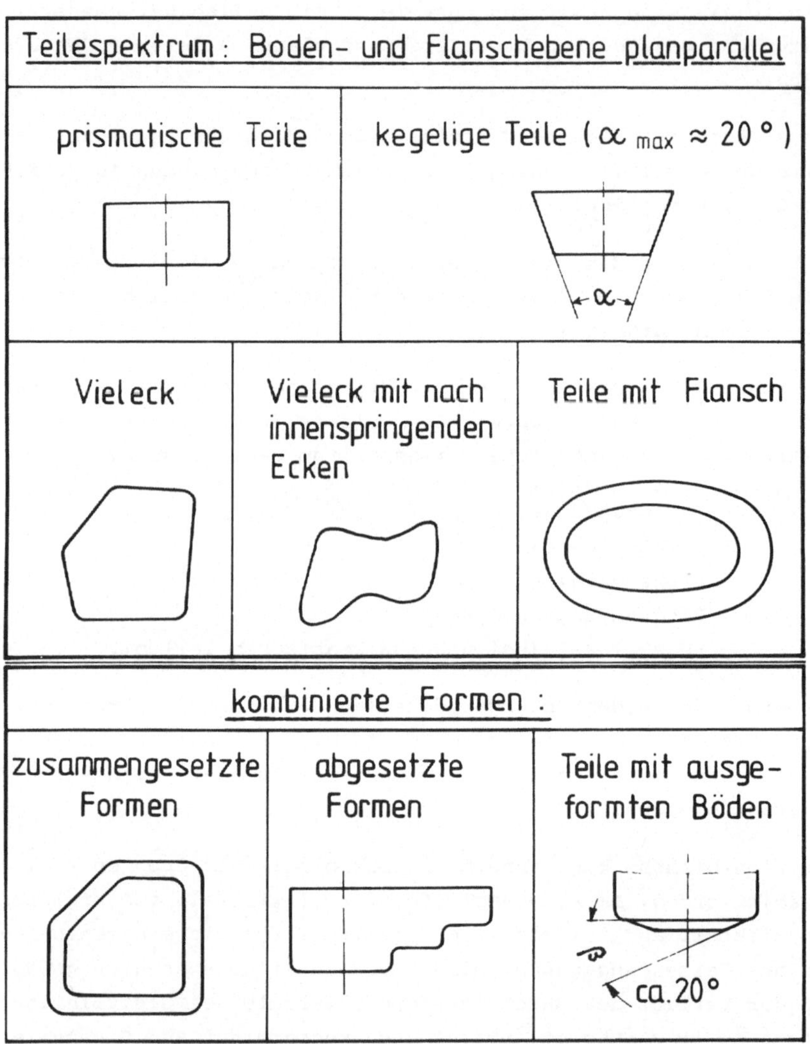

Bild 38: Erfaßbares Teilespektrum.

Die Flanschbreite wird bei der Ermittlung des Startpunktes
für die Außenkontur dazugegeben. Für große Flanschbreiten ist
es günstiger, diese manuell einer berechneten Zuschnittsform
ohne Flanschbreite zuzuaddieren, weil sonst die Zuschnittsform leicht außerhalb des Gleitlinienfeldes zu liegen kommt
und vom Programm dort nicht mehr ermittelt werden kann.

Der Ringrundungsradius muß konstant über dem ganzen Ziehteil
sein und geht nur bei der Kraftberechnung in die Bestimmung
Biege- und Reibungsanteiles ein.

Der Kegelwinkel α ist begrenzt auf maximal 20 ° (siehe Bild 38
und Abschnitt 4.2).

Die ursprüngliche Ausgangsform,für die das Programm konzipiert
wurde, ist das prismatische Vieleck mit planparallelem Flansch
und Boden. Neben dem Vieleck mit nach innenspringenden Ecken,
können also noch Teile mit Flansch sowie kegelige Teile berechnet werden.

Über diese Grundformen hinaus können nun durch manuelle Kombination und mehrfache Anwendung von PLATIN 2 auf direkt berechenbare Formen, zusammen- und abgesetzte Geometrien, auch wesentlich kompliziertere Teile berechnet werden.

Solche Teile, die jedoch wesentlich von den in Bild 38 beschriebenen Formen abweichen, können mit dem Programmsystem
PLATIN 2 nicht analysiert werden.

4.1   Prismatische Vielecke

Unter prismatischen Vielecken sind hierbei Teile mit senkrechter Zarge und planparalleler Flansch- und Bodenebene zu verstehen. Diese Teile dürfen dabei theoretisch beliebig viele
Ecken aufweisen, praktisch ist die Anzahl der zulässigen Ecken
durch die im Programm vorgegebene Dimensionierung der Daten-
felder begrenzt. Bei Verwendung entsprechend leistungsfähiger
Rechenanlagen ist jedoch die Berücksichtigung einer großen
Zahl von Eckpunkten einer Teilegeometrie möglich.

In der konzipierten Endversion von PLATIN 2 ist die Erfassung
von Vielecken mit maximal 24 Eckpunkten möglich. Die Teile müssen also durch insgesamt höchsten 48 Innenkonturelemente, bestehend aus sich abwechselnden Geraden- und Kreisbogenstücken
beliebiger Länge und Krümmung, beschreibbar sein.
Eine Anpassung der Anzahl dieser Eckpunkte auf betriebsspezi-
fische Gegebenheiten ist im Programm PLATIN 2 möglich.

4.2 Kegelige Vielecke

Das Programm PLATIN 2 erlaubt die näherungsweise Bestimmung der
Zuschnittsform auch für schwach kegelige Ziehteile, wobei mit
zunehmendem Kegelwinkel α (Bild 38) schlechtere Ergebnisse zu
erwarten sind. Der Kegelwinkel α ist auf α_{max} = 20 ° begrenzt.

Die Erstellung der Geometrieeingabedaten erfolgt wie bei prismatischen Teilen. Der Querschnitt des Ziehstempels an der Stempelstirnseite,ohne Berücksichtigung eines Bodenrundungsradius,
ergibt die Innenkontur. Im Programmlauf wird abgefragt, ob ein
prismatisches oder ein kegeliges Ziehteil analysiert werden
soll, wobei gegebenenfalls der Kegelwinkel α zwischen 0 ° und
20 ° einzugeben ist.

Beim Ziehen kegeliger Teile besteht die Gefahr von Faltenbil-
dung im Bereich der freien Umformung zwischen dem Bodenrundungsradius an der Stempelstirnseite und dem Ringrundungsradius an der Ziehmatrize. Das Ziehen von stark kegeligen Teilen
sollte daher in mehreren Stufen erfolgen, wobei i. a. erst mit
der letzten Stufe die Kegellinie der Zarge erstellt wird [20].

Im Programm wird ein kegeliges Teil näherungsweise wie ein prismatisches Teil behandelt. Die Bestimmung der Außenkonturpunkte,
von denen aus die Zuschnittsform bestimmt wird, erfolgt auf
die in Abschnitt 2.2.1.1 beschriebene Art und Weise, ergänzt
um eine Zugabe für die Kegelzarge in Abhängigkeit vom Kegelwinkel α.

4.3 Teile mit nach innenspringenden Ecken

Bei Ziehteilen mit nach innenspringenden Ecken verschiebt sich
der Spannungszustand im Flansch der Ziehteile vom beim Tiefziehen üblichen Zug-Druck-Bereich mehr in den Zug-Bereich. Daraus
resultieren geringere erreichbare Ziehteilhöhen in Abhängigkeit
von der Öffnung der "negativen" Ecke.

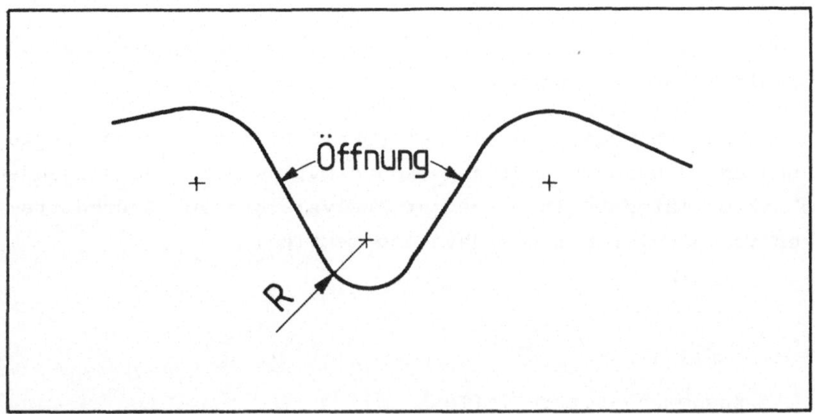

Bild 39: Nach innenspringende Ecke mit extrem enger Öffnung.

Die Eingabedaten werden, wie bei den Vielecken beschrieben,
erstellt. Lediglich der Radius R in Bild 39 ist bei nach innenspringenden Ecken mit einem negativen Vorzeichen zu versehen.
Das Programm erkennt die nach innenspringende Ecke am Vorzeichen des Eckenradius und generiert automatisch die richtigen
Innenkonturübergänge, Gleitlinienfelder und Außenkonturen.

Die Anzahl der negativen Ecken ist nicht anders begrenzt als
die Eckenzahl allgemein (Abschnitt 4.1) und die Innenkontur
muß ebenfalls nur eine geschlossene Konturlinie ergeben.

4.4 Kombinierte Teilegeometrien

Unter kombinierter Teilegeometrie sind solche Teile zu verstehen, die nicht direkt durch PLATIN 2 berechenbar sind, jedoch in analytisierbare Grundformen der Abschnitte 4.1 bis 4.3 aufgeteilt werden können. Auf diese Grundformen ist das Programm einzeln anzuwenden und die errechneten Zuschnittsformen sind dann manuell zu einer kombinierten Form zusammenzusetzen.

Der vom Benutzer anzusetzende Aufwand steigt dabei rasch an und die Qualität der Ergebnisse nimmt ab.

Ferner sind die Möglichkeiten der Kombination von Zuschnittsformen begrenzt. Dennoch eröffnet sich damit, wie in den folgenden Abschnitten dargestellt, Wege zur Analysierung der Zuschnittsformen von schwierigeren Ziehteilgeometrien.

4.4.1 Zusammengesetzte Teile

Ziehteile, die einen Ring beliebiger Form bilden (Bild 40), können mit PLATIN 2 nicht direkt berechnet werden, da das Programm immer nur eine in sich geschlossene Innenkontur erwartet.

Aufgeteilt in z. B. den Bereich A (Bild 40),kann daraus eine berechenbare Form (Bild 41) gemacht werden.

Die Eingabedaten sind dabei gemäß Abschnitt 3.3 (Unterprogramm INKEI) zu erstellen.

Die analysierte Teilform muß an den Grenzlinien (Bild 41) aufgeschnitten und manuell zur kompletten Außenkontur zusammengesetzt werden.

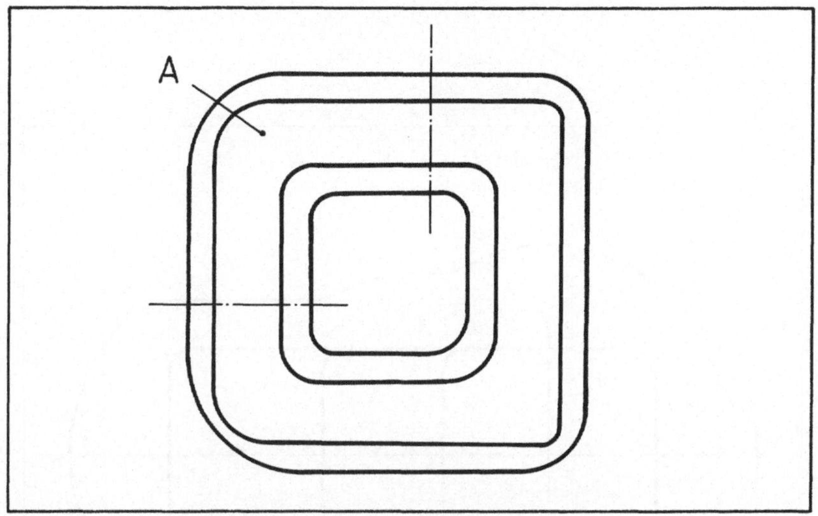

Bild 40: Ringförmiger tiefgezogener Rahmen.

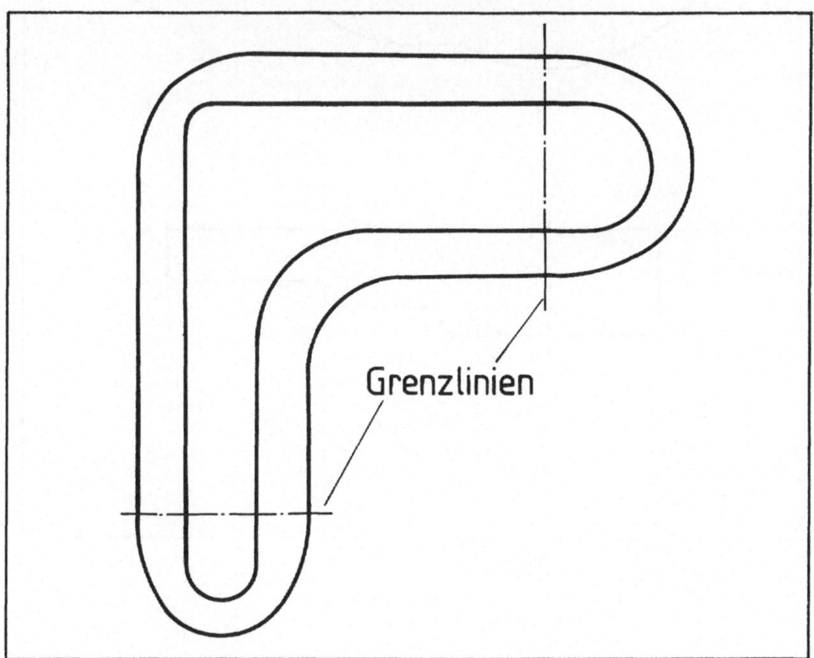

Bild 41: Analysierbare Teilform.

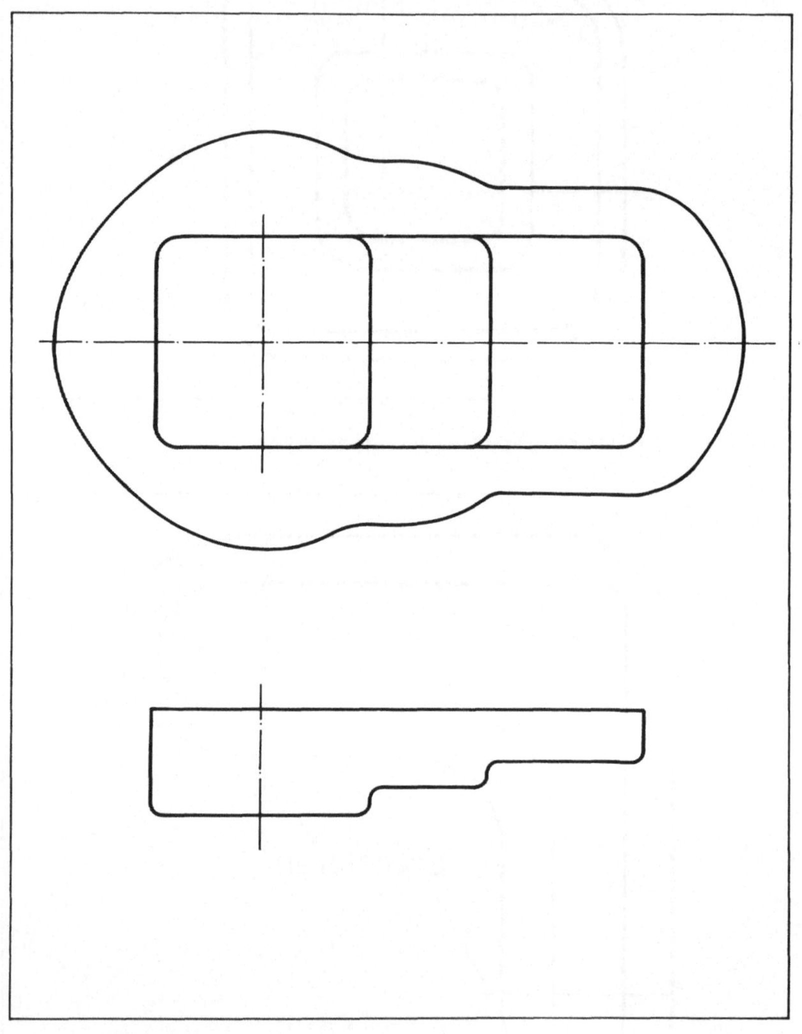

Bild 42: Ziehteil mit abgesetztem Boden.

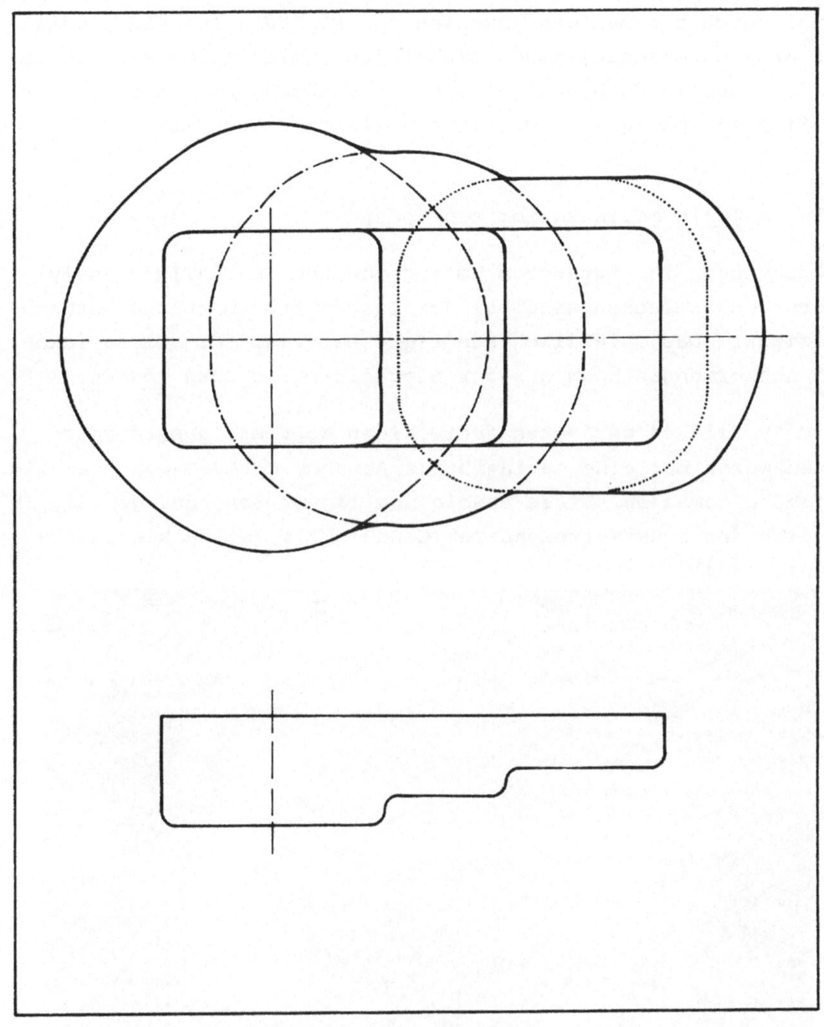

Bild 43: Kombination von Teilformelementen.

4.4.2 Abgesetzte Teile

In Bild 42 ist ein abgesetztes Teil gezeigt. Die Zuschnittsform
wurde durch dreimaliges Anwenden von PLATIN 2 auf ein Quadrat
mit drei unterschiedlichen Ziehtiefen ermittelt. Die anschlie-
ßende manuelle Kombination der Einzelaußenkonturen führte zur
im Bild 43 gezeigten kombinierten Platinenzuschnittsform.

4.5 Teile mit ausgeformten Böden

Abweichungen in begrenztem Umfang von den in PLATIN 2 analy-
sierbaren Vielecken sind bei der Zuschnittsermittlung vernach-
lässigbar. Das zusätzlich benötigte Material für solche lokalen Ausformungen kann aus der Blechdickenrichtung kommen.

Beim in Bild 44 gezeigten fünfeckigen Napf mit ausgeformtem
Boden wurde nur eine geringfügige Abnahme der vorgegebenen Ziehteilhöhe gemessen. Diese Abweichung lag größenordnungsmäßig im
Bereich der sonst erreichbaren Genauigkeit (siehe hierzu Abschnitt 5.4).

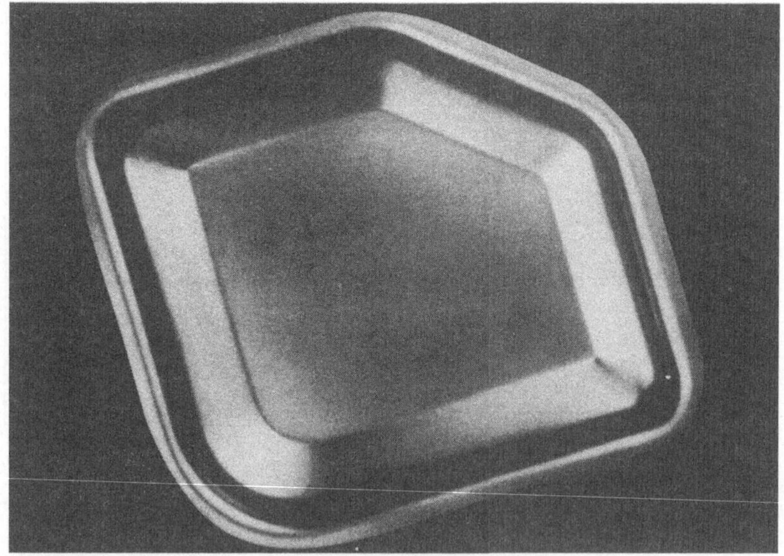

Bild 44: Teil mit ausgeformtem Boden.

Mit experimentellen Untersuchungen sollen die theoretisch gewonnenen Ergebnisse der Zuschnittsermittlung überprüft werden.
Dabei ist der Einfluß verschiedener Faktoren auf die Ziehergeb-
nisse zu ermitteln, welche von der Gleitlinientheorie und dem
Rechenprogramm nicht berücksichtigt werden können.

Allgemein formuliert heißt das: es ist der Unterschied zwischen
dem der Theorie zugrundeliegenden Modell (siehe Abschnitt 3.4.1)
und dem realen Vorgang Tiefziehen zu bestimmen.
Wichtige Gesichtspunkte, die das Modell nicht erfaßt, sind
Verfestigung, Reibung und Anisotropie. Ferner muß prinzipiell
die Einschränkung des starr-plastischen Werkstoffmodells und
die Auswirkung der Annahme eines ebenen Formänderungszustandes
bei der Beurteilung der Ergebnisse berücksichtigt werden.
Darüber hinaus ist festzustellen, inwieweit sich auch Teile
mit lokalen, im Rechenprogramm nicht kalkulierbaren Ausformungen näherungsweise berechnen lassen.

Der Bau eines neuen, eigens auf die speziellen Erfordernisse
zugeschnittenen Ziehwerkzeuges für große unregelmäßige Teile
wurde des hohen Kostenaufwandes wegen nicht durchgeführt. Vielmehr konnte mittels eines von der Industrie zur Verfügung ge-
stellten und umgearbeiteten Werkzeuges ein Versuchsprogramm
realisiert werden. Die Bilder 45 a) und b) zeigen eine Skizze
des Tiefziehwerkzeuges,mit dem die Versuche durchgeführt wurden.

Die Ziehteilhöhe und die Flanschbreite sollen variiert werden.
Dies bedingt unterschiedliche Platinengrößen und -formen, welche alle möglichst genau in das Versuchswerkzeug eingelegt werden müssen. Daher wurde eine stufenlos einstellbare Platinen-
fixiereinrichtung im Versuchswerkzeug erforderlich. Realisiert
wurde eine Einrichtung, bestehend aus verstellbaren Schiebern,
von denen vier Stück außen, am Umfang der Ziehmatrize des Versuchswerkzeuges, verteilt angebracht wurden.

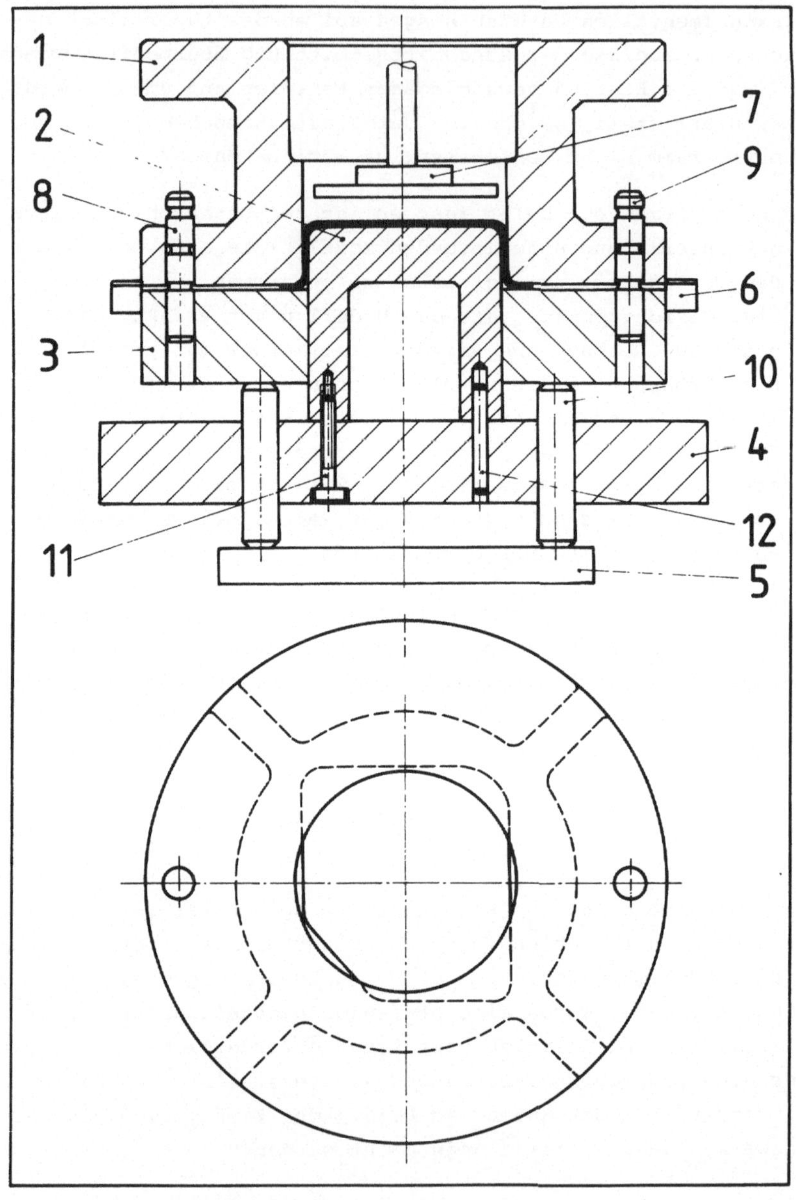

Bild 45 a): Tiefziehwerkzeug.

Teil-Nr.	Benennung	Anzahl	Werkstoff
1	Matrize	1	GG 25
2	Stempel	1	GG 25
3	Niederhalter	1	GG 25
4	Grundplatte	1	GG 25
5	Druckplatte	1	GG 25
6	Blechfixiereinrichtung	1	St
7	Auswerfer	1	St
8	Führungssäule ϕ 32 mm	1	1.0401
9	Führungssäule ϕ 30 mm	1	1.0401
10	Druckbolzen	4	1.0401
11	Innensechskantschraube	4	St
12	Zylinderstift	2	St

Bild 45 b): Stückliste.

5.1 Versuchswerkstück

Bei dem Versuchswerkstück handelt es sich um einen unregelmäßigen fünfeckigen Napf mit verschiedenen Eckenradien (siehe Bild 46). Die Blechdicke beträgt 1 mm.

Die Form des Versuchswerkstückes wurde im Rahmen der Möglichkeiten des bestehenden und ursprünglich für kreisrunde Näpfe gebauten Werkzeuges so gewählt, daß insbesondere die Übergänge der Zuschnittskontur gegenüber unterschiedlichen Eckenradien untersucht werden konnten.

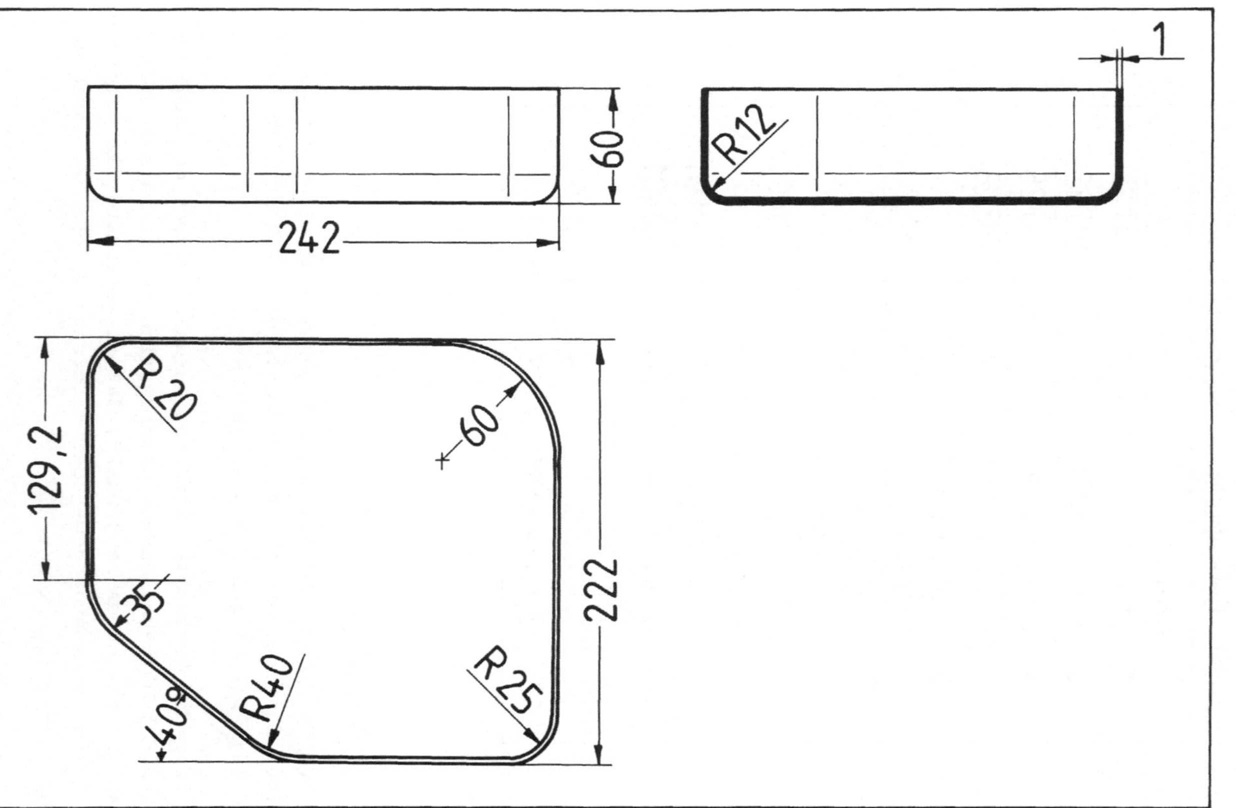

Bild 46: Versuchswerkstück.

5.2   Versuchsprogramm

Das Versuchsprogramm umfaßt eine Reihe zu variierender Parameter. Im einzelnen sind dies:

- Ziehteilhöhe
- Flanschbreite
- Werkstoff
- Reibverhältnis
- Walzrichtung des Bleches
- Werkstückgeometrie
- Zuschnittsform.

In Bild 47 sind die verwendeten Werkstoffe und einige ihrer Eigenschaften aufgeführt. Die Werkstoffe sind u. a. so gewählt, daß durch ihre unterschiedlichen Verfestigungsexponenten n und mittlere senkrechte Anisotropien R ein Rückschluß auf den Einfluß von Verfestigung und Anisotropie möglich wird.

Eigenschaften der Versuchswerkstoffe				
Werkstoff Eigen- schaften	RSt 1403 Sondertief- ziehgüte	AlMg 5 weich	AlMg0.4Si1.2 kaltausgehärtet	Cu Zn 36
Zugfestigkeit R_m [N/mm²]	310 – 330	280	250	325
Fließgrenze $R_{p0.2}$ [N/mm²]	180 – 200	130	140	114
Gleichmaßdehnung A_g [%]	41 – 52	30	30	58.6
Verfestigungsexponent n [-]	0.22	0.3	0.27	0.52
mittl. senkr. Aniso- tropie $\bar{R}$ [-]	1.52	0.83	0.51	0.9

Bild 47: Versuchswerkstoffe.

Codierung der Werkstoffe und Ziehteilhöhen		
S	=	RSt 1403
SR	=	RSt 1403 , rechteckiger Zuschnitt
A	=	AlMg 5, längs Walzrichtung, mit Liniennetz
AQ	=	AlMg 5, quer Walzrichtung
AS	=	AlMg0.4Si1.2, ohne Folie
ASM	=	AlMg0.4Si1.2, mit Folie
ASMR	=	AlMg0.4Si1.2, mit Folie und rechteckigem Zuschnitt
M	=	Cu Zn 36 (Messing)
2	=	24 mm Ziehteilhöhe
3	=	36 mm Ziehteilhöhe
4	=	48 mm Ziehteilhöhe
6	=	60 mm Ziehteilhöhe
7	=	77 mm Ziehteilhöhe

Verschlüsselung der Versuchsreihen						
Werkst.	Versuchs-reihe	Ziehteil-höhe	24	36	48	60	77
RSt1403	S		S2	S3	S4	S6	S7
RSt1403	SR		SR2	SR3	SR4	SR6	SR7
AlMg5	A		A2	A3	A4	A6	A7
AlMg5	AQ		AQ2	AQ3	AQ4	AQ6	AQ7
AlMg0.4Si1.2	AS		AS2	AS3	AS4	AS6	AS7
AlMg0.4Si1.2	ASM		ASM2	ASM3	ASM4	ASM6	ASM7
AlMg0.4Si1.2	ASMR		ASMR2	ASMR3	ASMR4	ASMR6	ASMR7
CuZn36 (Messing)	M		M2	M3	M4	M6	M7

Bild 48: Versuchsplan (Blechdicke 1 mm).

Der Versuchsplan ist in Bild 48 dargestellt. Mit den verschiedenen Parametern und ihrer Kombination ergeben sich ca. 40
Varianten von Versuchsnäpfen.

Als Zuschnittsform wurde die der jeweiligen Variante entspre-
chende optimierte Kontur verwendet und zu Vergleichszwecken
teilweise eine rechteckige Kontur gewählt.
Der Einfluß von Anisotropie wird durch Drehen der größten
Längsachse des Versuchsnapfes in Walzrichtung bzw. 90 ° zur
Walzrichtung ermittelt.
Unterschiedliche Reibverhältnisse wurden durch Verwenden von
Tiefziehfolien bzw. Natriumfett mit Zinkstearat oder Tiefzieh-
öl erreicht. Die Ziehteilhöhe wurde zwischen 24 und 77 mm in
Stufen variiert.
Die Versuchsnäpfe sind zur besseren Auswertbarkeit ganz durch-
gezogen.

Über den in Bild 48 dargestellten Versuchsplan hinaus wurden
zur Veranschaulichung der Ergebnisse noch einige Näpfe mit
Flansch bzw. ausgeformten Böden (siehe hierzu Abschnitt 5.4)
hergestellt.

5.3   Versuchsauswertung

Die Auswertung der Versuche erstreckt sich hauptsächlich auf
den Verlauf der Oberkante der durchgezogenen Näpfe. Gemäß den
Ansätzen der zugrundeliegenden Theorie, mit der die optimierten Zuschnittsformen berechnet wurden, müßte die Napfoberkante
über dem gesamten Umfang genau gleich hoch sein.
Wegen des die realen Vorgänge beim Tiefziehen jedoch stark ver-
einfachend beschreibenden theoretischen Modells und den unver-
meidbaren Fehlern bei der näherungsweisen Berechnung und Herstellung der Zuschnittsform, darf eine exakt gleich hohe Zarge
nicht erwartet werden.

Bei der Auswertung der Versuchsnäpfe wurde folgendermaßen
vorgegangen. Zunächst ist der Verlauf der Napfhöhe über dem
Umfang des Ziehteiles aufzunehmen.
Die theoretische Innenkonturlänge wird für jedes Element im

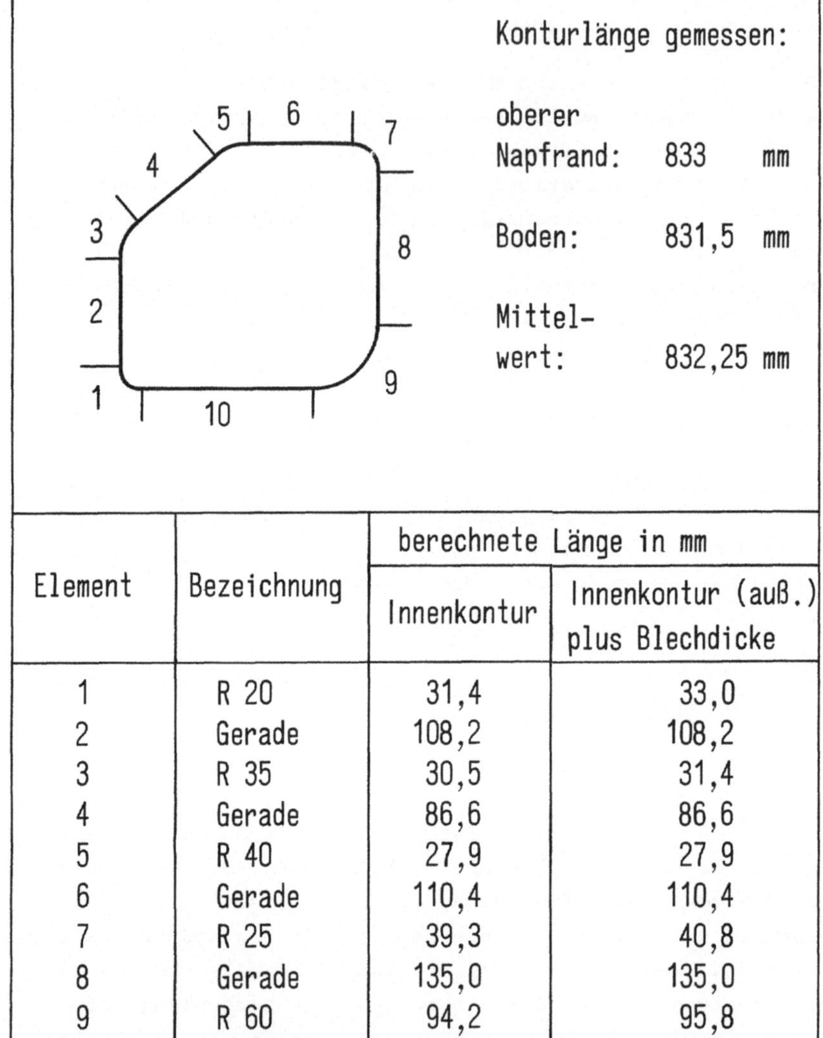

Element	Bezeichnung	berechnete Länge in mm	
		Innenkontur	Innenkontur (auß.) plus Blechdicke
1	R 20	31,4	33,0
2	Gerade	108,2	108,2
3	R 35	30,5	31,4
4	Gerade	86,6	86,6
5	R 40	27,9	27,9
6	Gerade	110,4	110,4
7	R 25	39,3	40,8
8	Gerade	135,0	135,0
9	R 60	94,2	95,8
10	Gerade	160,0	160,0
Σ		823,5	829,8

Bild 49: Abgewickelte Längen der Innenkontur.

Rechenprogramm bestimmt (siehe Bild 49, Innenkontur). Da es
jedoch einfacher ist, an der Napfaußenseite zu messen, ist gemäß Bild 49 der Napfumfang an der Außenseite bestimmt worden.
Auf Grund elastischer Verspannungen weist der Versuchsnapf am
oberen Rand einen größeren Umfang als unten auf. Der Mittel-
wert des Napfumfanges beträgt 832 mm, über dieser Länge wurde
im Abstand von ca. 10 mm die Napfhöhe mittels einer Schieblehre
gemessen und graphisch dargestellt.

Die Bilder 50 a) und 50 b) zeigen exemplarisch den Verlauf der
Oberkante des durchgezogenen Versuchsnapfes für die Ziehteilhöhe 36 und 77 mm. Es ist dabei zu beachten, daß in Bild 50 b)
die Abszisse im Maßstab 1 : 1 dargestellt ist.

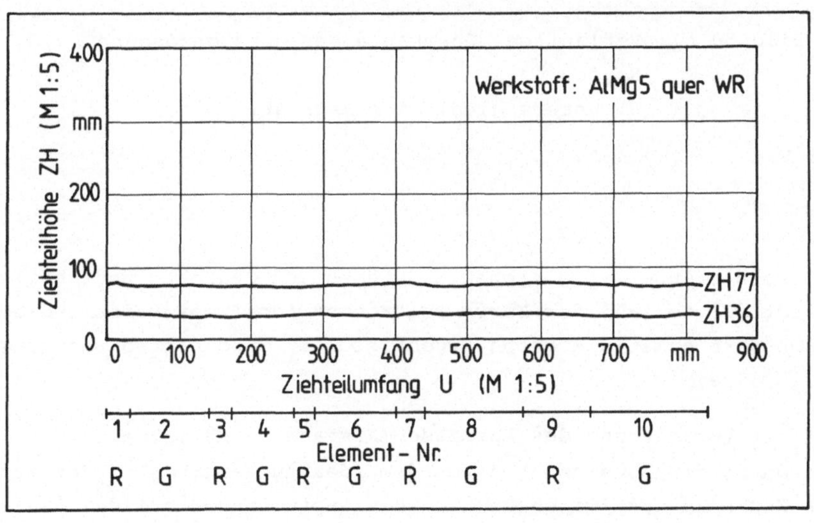

Bild 50 a): Verlauf der Oberkante des durchgezogenen Napfes
a) gleicher Maßstab auf Ordinate und Abszisse.

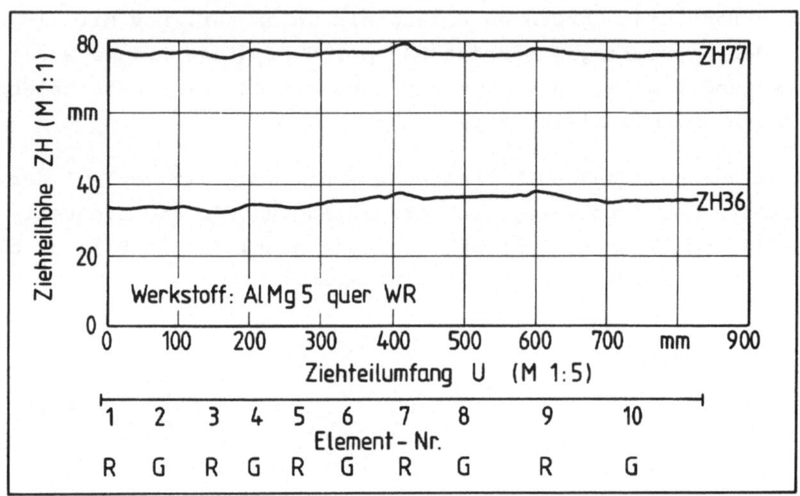

Bild 50 b): Verlauf der Oberkante des durchgezogenen
           Napfes
           b) unterschiedlicher Maßstab.

Bei Darstellung mit gleichen Maßstäben auf Ordinate und Abszisse ist der Verlauf der Kurve weitgehend ideal waagrecht und dokumentiert damit die guten Ergebnisse der Zuschnittsberechnung
(Bild 50 a).

Mit der Veränderung des Abszissenmaßstabes erst ist eine
Zuordnung der Abweichungen von dem idealen waagrechten Verlauf
der Kurve zu bestimmten Punkten des Napfumfanges bei der Auswertung der Versuche möglich.

Die Auswertung der Meßergebnisse bezüglich der gleichmäßigen
Ziehteilhöhe bei durchgezogenen Versuchsnäpfen zeigt allgemein

folgendes:

- Die Abweichungen der Napfoberkante von der berechneten Napfhöhe sind für kleinere bis mittlere Ziehteilhöhen (24 und
  36 mm) gering.

- Mit zunehmender Ziehteilhöhe werden die Abweichungen größer.

- Die Abweichung der tatsächlichen Versuchsnapfhöhe von der
  vorgegebenen Ziehteilhöhe beträgt maximal ca. $\pm$ 7 % der vorgegebenen Höhe (bei 77 mm hohem Napf).

Die allgemeine Beurteilung der Versuchsnäpfe ergibt, daß die
durchgezogenen Teile leicht verwölbt sind. Dies ist auf die
Geometrie des Teiles, die geringe Blechdicke und werkstoffab-
hängig auf unterschiedliche Widerstandsmomente gegen Biegung
zurückzuführen.

Signifikante, charakteristische Verteilungen der Abweichungen
von der idealen Napfhöhenkontur lassen sich erst bei größeren
Ziehteilhöhen beobachten. Dort treten stets in den Ecken der
Näpfe Zipfel auf.
Hierfür ist folgende Erklärung plausibel: Infolge der tangentialen Druckspannung im Flansch an den Ecken eines Ziehteiles
findet bei großer Ziehtiefe eine merkliche Aufdickung des
Bleches in diesen Flanschbereichen statt. Infolge der dadurch
lokal variierten Niederhalterspannung wird das Nachfließen in
den Bereichen des Flansches gegenüber Ecken zusätzlich behin-
dert, was zu den beobachteten Abweichungen führt.

Bei der Abschätzung der Größe von zufälligen und systematischen
Fehlern bei den durchgeführten Versuchen kann davon ausgegangen
werden, daß die durch das Rechnerprogramm PLATIN 2 erstellte
Zuschnittsform und der eigentliche Meßvorgang beim Auswerten
nur mit Fehlern einer Größenordnung kleiner als die bei der
Platinenherstellung und beim Einlegen des Zuschnitts ins Zieh-
werkzeug auftretenden Fehler behaftet ist.
Die Fehler bei der Zuschnittsberechnung und die Fehler beim
Auswerten der Näpfe werden also vernachlässigt.
Die Herstellung der Platine erfolgt durch Ausschneiden mit
einer Blechschere und birgt Fehler in der Größe von $\pm$ 1 mm

Abweichung von der berechneten Kontur in sich. Beim Einlegen
des Zuschnitts ins Ziehwerkzeug muß nochmals mit einem Fehler
von $\pm$ 1 mm Versetzung gerechnet werden. Ungenaues Herstellen
und Einlegen der Platine kann folglich Abweichungen von bis
zu $\pm$ 2 mm von der berechneten Ziehteilhöhe bewirken. Diese zufälligen Fehler können noch durch einen systematischen Fehler
bei der konventionellen Bestimmung des Außenkonturpunktes (siehe Abschnitt 2.2) verstärkt werden.

Die Kombination dieser Fehler kann im ungünstigsten Fall etwa
die Hälfte der gemessenen Abweichungen beim Napf mit der im
Versuch größten Ziehtiefe von 77 mm bewirken.

Der verbleibende Fehler ist auf die prinzipielle Abweichung
des theoretischen Berechnungsmodells von dem realen Vorgang
beim Tiefziehen zurückzuführen.

5.3.1 Einfluß von Verfestigung, Reibung und Anisotropie

Die Auswirkungen von Verfestigung, Reibung und Anisotropie
auf den Verlauf der Napfhöhe sind bei den durchgeführten Versuchen als gering zu bewerten.

Der Einfluß der Verfestigung wurde nach dem Versuchsprogramm
durch Verwenden von Werkstoffen mit unterschiedlichem Verfestigungsexponenten n untersucht.

In Bild 51 wurde ein Umformgrad

$$\varphi = \ln\,(l_a/r_i)$$

für die Ecke mit der größten Umformung über der Ziehteilhöhe
aufgetragen.

Dabei zeigt sich, daß für die Werkstoffe mit stark unterschiedlichem Verfestigungsexponenten im untersuchten Ziehteilhöhen-
bereich des Versuchsnapfes im Rahmen der Genauigkeit der Ex-
perimente praktisch keine Auswirkungen auf den Verlauf der
Napfhöhe feststellbar ist. Lediglich im oberen Bereich der
untersuchten Ziehteilhöhen könnte ein Einfluß der Verfestigung

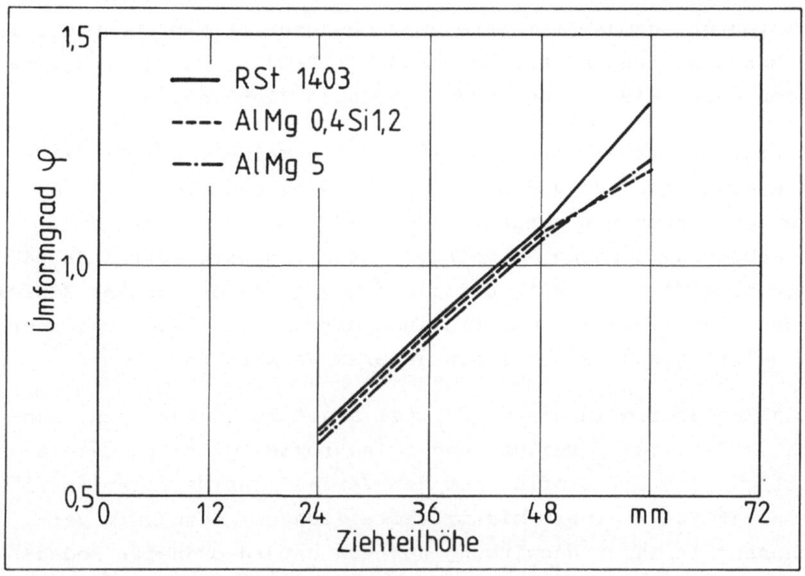

Bild 51: Einfluß von unterschiedlicher Verfestigung auf
das Ziehverhältnis.

vermutet werden.

Für kleinere bis mittlere Ziehteilhöhen wirkt sich die Verfestigung bei unregelmäßigen Ziehteilen wegen der lokoal begrenzt verteilten Formänderung nicht wesentlich aus.

Der Einfluß der Reibung auf das Ziehergebnis wurde laut Versuchsprogramm mittels unterschiedlicher Schmierstoffe und Reibpartner untersucht.

Die Bedeutung der Reibung im allgemeinen, besonders beim Ziehen großer unregelmäßiger Teile aus dünnem Blech, ist außerordentlich groß. Dies ist darauf zurückzuführen, daß der Anteil der Reibkräfte an der aufzubringenden Ziehkraft hoch ist.

Bei den Versuchen zeigte sich, daß bei Verwendung einer Folie und zusätzlich eines guten Schmierstoffes (Natriumfett mit Zinkstearat) etwas geringere Überhöhungen der Napfoberkante in den Ecken auftraten, als bei größerer Reibung durch Nichtverwenden der Folie und Benutzen einfachen Ziehöles.

Der Einfluß der Anisotropie ist im allgemeinen beim Tiefziehen unerwünscht, da dadurch Zipfelbildung und Blechdickenänderungen verursacht werden.
Die ausgeprägte ebene Anisotropie des Stahlwerkstoffes St 1403 führt beim Versuchsnapf zu geringfügig größerer lokaler Zipfelbildung bei Variation des Platinenausschnittes längs und quer zur Walzrichtung, als bei den anderen Werkstoffen.

Bei allen drei in diesem Kapitel angeführten Faktoren, nämlich Verfestigung, Reibung und Anisotropie, gilt jedoch einheitlich, daß ihr Einfluß auf den Verlauf der Napfoberkante zumindest für kleinere bis mittlere Ziehteilhöhen beim Versuchsnapf in ihrer Auswirkung nur von untergeordneter Bedeutung ist.
Die auftretenden Effekte liegen zumeist innerhalb der Genauigkeit, mit der die Versuche durchgeführt werden konnten. Daneben sind im vorliegenden Fall nicht berücksichtigte Einflüsse elastischer und plastischer Zonen im realen Ziehteil und Auswirkungen von Vorgängen im Versuchswerkstück in Blechdickenrichtung vermutlich in der gleichen Größenordnung anzusetzen, wie die Effekte, welche auf Verfestigung, Reibung und Anisotropie zurückzuführen sind.

5.4 Ausformung des Teilebodens

Wie in Abschnitt 4.5 bereits angeführt (Bild 44), wurde der Boden des Veruchswerkstückes in einer weiteren Versuchsreihe stufenweise mit einer größer werdenden flachen Ausformung gezogen (Bild 52).

Dabei stellte sich erwartungsgemäß eine starke Versteifung des Napfes ein, insbesondere dann, wenn zusätzlich noch ein kleiner Flansch vorgesehen wurde.

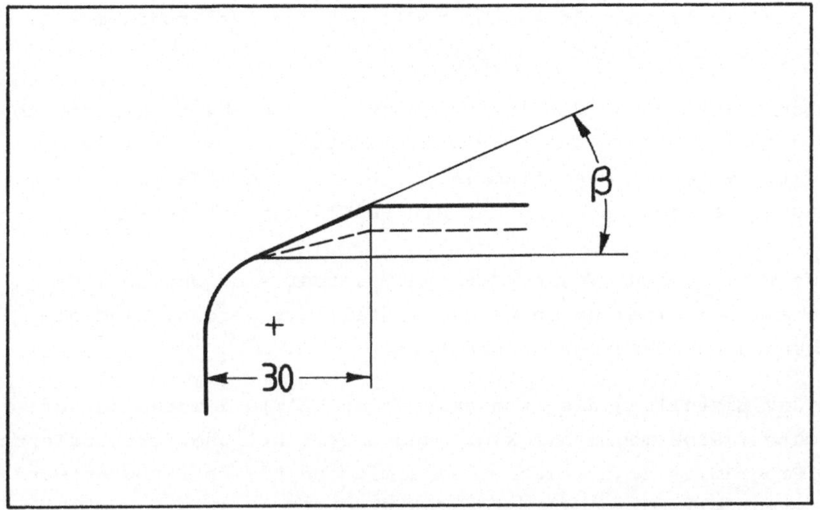

Bild 52: Flache Ausformung (Nase) des Napfbodens.

Die Auswertung des Verlaufs der Napfhöhe ergab dabei eine geringfügige Abnahme der Zargenhöhe. Im extremsten untersuchten Fall wurde ein Ausformungswinkel β = 20 ° (Bild 52) realisiert. Dabei stellte sich eine Abnahme der realen Zargenhöhe von ca. 5 %, der ohne Berücksichtigung dieser Ausformung der Berechnung zugrundegelegten Ziehteilhöhe ein.
Die Abnahme der Ziehteilhöhe liegt damit bei dieser Ausformung des Bodens des Versuchswerkstückes in der gleichen Größenordnung wie die Genauigkeit der Versuchsdurchführung allgemein.

Die unterproportionale Verringerung der Ziehteilhöhe bei solchen in der Rechnung nicht berücksichtigten lokalen Ausformungen ist durch eine lokale Verringerung der Blechdicke erklärbar.

Für die praktischen Anwendungsmöglichkeiten des Programmes sind
mehrere Gesichtspunkte von Bedeutung.

Zunächst ist anhand der Ausführungen in Kapitel 4 zu klären, ob
das aktuelle und zu analysierende Ziehteil in das in Bild
38 definierte Teilespektrum fällt. Wesentlich außerhalb dieser
Ordnung liegende Teile können mit PLATIN 2 nicht berechnet werden.
Handelt es sich um Teile, die analysierbar sind und soll das
Programm auf einer neuen Anlage installiert werden, sind die
folgenden Ausführungen zu beachten.

Bei der Erstellung des Programmsystems PLATIN 2 wurde darauf
geachtet, eine möglichst klare und übersichtliche Strukturierung
des Programmes zu erreichen, um damit den Einarbeitungsaufwand
bei eventuell notwendig werdenden Eingriffen ins Programm möglichst klein zu halten. So sind weitgehend nur allgemeingülti-
ge und standardisierte Zeichen und Anweisungen verwendet.
Dort, wo maschinenbedingt spezielle Vereinbarungen notwendig
sind, werden diese zu Beginn des Programmes mittels einfach
modifizierbaren Wertzuweisungen getroffen. Ferner sind wichtige Abschnitte im Programm ausführlich durch Kommentarkarten
erklärt.

Das Programm PLATIN 2 ist in der Programmiersprache FORTRAN IV
geschrieben. Entwickelt wurde es unter Ausnutzung der allgemein
zugänglichen Leistungen des Rechenzentrums der Universität
Stuttgart.
Die in den Abschnitten 6.1 und 6.2 folgenden Angaben beziehen
sich also auf die an diesem Rechenzentrum gegebenen Besonderheiten.
Bei einer Installation des Programmes auf einer anderen Anlage
sind diese Angaben zu berücksichtigen, d. h. es müssen die
gerätetechnischen und organisatorischen Voraussetzungen gegeben sein, und unter Umständen muß eine entsprechende Anpassung
des Programmes erfolgen.

Für die Benutzung einer einmal installierten Programmversion,

also zur Anwendung des Programmes, sind lediglich die Kenntnisse des technologischen Vorganges Tiefziehen und seine praktischen Aspekte erforderlich.
Weitergehendes programmtechnisches oder spezielles den Rechenbetrieb betreffendes Wissen ist zur Anwendung von PLATIN 2
nicht erforderlich. Alle benötigten Informationen, Eingaben
und Entscheidungen werden in leicht verständlichem Dialog am
Bildschirm abgefragt.
Der Benutzer müßte bereits nach kurzer Einarbeitungszeit in
der Lage sein, alle Möglichkeiten des Programmes voll zu nutzen.

6.1 Technische und organisatorische Voraussetzungen

Zur eigenen Anwendung des Programmes sind gewisse Voraussetzungen an die rechentechnische Ausstattung zu stellen. Im einzelnen sind zur vollen Nutzung der Möglichkeiten von PLATIN 2
folgende Geräte erforderlich:

- Rechner mittlerer Größe mit genügend Speicherplatz
- graphisch-alfanumerischer Bildschirm
- Plotter (Blattgröße > maximale Zuschnittsabmessungen)
- Drucker.

Als organisatorische Voraussetzungen an den Rechenbetrieb müssen ein

- geeignetes Betriebssystem und ein
- Fortran-Compiler

verfügbar sein.

Zum Betreiben des Programmes PLATIN 2 muß neben dem im Rechner
installierten Programm noch ein geeignetes Graphik-Paket vor-
handen sein, auf welches das gegebenenfalls modifizierte
Programm PLATIN 2 zugreifen kann.
Die folgenden Angaben beziehen sich auf den Betrieb des
Programmes PLATIN 2 am Rechenzentrum der Universität Stuttgart
und den Rechner Cyber 174.

Der verwendete Compiler ist im System resident und heißt
FTN in der Version 4,8 auf dem Stand 551. Das benützte Graphik-
Paket trägt den Namen PICASSO.

Das Programm PLATIN 2 umfaßt ca. 7 500 Anweisungen und besitzt
zur Reduzierung des Kernspeicherbedarfes eine Overlay-Struktur
(Bild 53). Der Kernspeicherbedarf liegt unter 160 000 oktalen
CM-Worten (1 Wort = 60 Bit). Alle dimensionierten Felder zusammen besitzen ca. 30 000 Feldelemente. Die Rechenzeit beträgt
in Abhängigkeit von der Teilegeometrie und den gewählten
Programmoptionen zwischen ca. 30 s für die einfache Zuschnittsermittlung und mehr als 300 s bei Nutzung sämtlicher Möglichkeiten des Programmes.

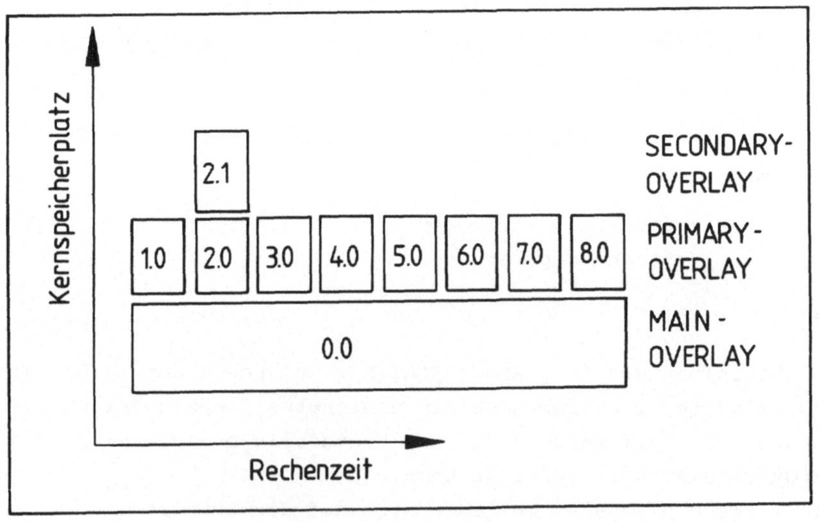

Bild 53: OVERLAY-Struktur von PLATIN 2.

Eine Übertragung dieser Angaben auf andere Rechenanlagen ist
schwierig und hängt im einzelnen von einer Reihe von Faktoren
ab. Hierzu zählen u. a.

- das Betriebssystem
- die Wortlänge
- das Graphik-Paket
- der Compiler und
- die Speicherplatzbedingungen.

Jedoch kann davon ausgegangen werden, daß zumindest eine Rechenanlage mittlerer Größe erforderlich ist, um das Programmsystem PLATIN 2 sinnvoll betreiben zu können.

Für den Betrieb des Programmes an einem Rechenzentrum ist es
unter Umständen erforderlich, die, insbesondere im Dialogbetrieb gegebenen Beschränkungen hinsichtlich Kernspeicherplatz
und Rechenzeit, mittels Sondervereinbarung zu verändern.

6.2 Anpassungsmöglichkeiten

Die Möglichkeiten der Anpassung des Programmes PLATIN 2 [31] an
die jeweiligen speziellen Gegebenheiten und Erfordernisse beim
Benutzer sind in zwei Kategorien zu unterteilen:

- Anpassung durch Nutzen einzelner Optionen im
  Programm selbst während eines Programmlaufes
- Anpassung durch Umprogrammierung vor der In-
  stallation (z. B. wenn das Programm auf einer
  kleineren Rechenanlage ausschließlich nur die
  Zuschnittsform bestimmen soll).

Wenn das Programm in seinem ganzen Umfang in einer Rechenanlage installiert ist, kann der Benutzer während des Rechenlaufes gemäß den im Dialog angebotenen Wahlmöglichkeiten den Umfang der Berechnungen bestimmen, ohne daß dazu ein Eingriff
ins Programm erforderlich wird.

Für den Fall, daß es nicht möglich ist, das Programm komplett
in eine Anlage zu installieren, sei es wegen Kernspeicherplatz-

mangel oder weil zu keinem Zeitpunkt beabsichtigt ist, mit dem
Programm mehr als nur die Zuschnittsform zu bestimmen, so bie-
tet sich die Möglichkeit, einzelne Programm-Module aus dem
Programmsystem zu entfernen.

Die Minimalversion eines modifizierten Programmes PLATIN 2 be-
nötigt in Anlehnung an Abschnitt 6.1 lediglich einen

- Rechner mittlerer Größe mit einer Ein-Ausgabe-Station
- Plotter (Blattgröße > maximale Zuschnittsabmessung),

um im Stapelbetrieb arbeiten zu können. Ferner sind nach wie
vor ein geeignetes Betriebssystem und ein Fortran-Compiler neben einem entsprechenden Graphik-Paket erforderlich.
Die Zahl der Anweisungen läßt sich dabei auf ca. 3 000, der
Kernspeicherbedarf auf unter 70 000 oktale CM-Worte (1 Wort =
60 Bit) reduzieren. Die Zahl der zu dimensionierenden Feldelemente und die Rechenzeit verringern sich ebenfalls beträcht-
lich.

Bei einer Anpassung des Programmes durch Entfernen einzelner
Module ist das Steuerprogramm im Main Overlay ebenfalls entsprechend zu modifizieren.

Ein Betreiben des Programmes ohne einen Plotter zur Erstellung
der Ergebnisse in Form von Zeichnungen ist nur möglich, wenn
z. B. der Verlauf der optimierten Zuschnittsform auf andere
Art und Weise festgehalten wird.
Denkbar wäre diesbezüglich die Ausgabe der x,y-Koordinaten
von Punkten der Zuschnittsform auf Papier, Lochstreifen oder
Magnetdatenträger.
Während die auf Papier gedruckten Werte der Zuschnittskontur
höchstens zu Kontrollzwecken dienen können und zur Weiterver-
arbeitung höchst ungeeignet sind, eröffnet die Ausgabe auf
Lochstreifen oder Magnetdatenträger weitere große Möglichkeiten
der effektiven Nutzung des Programmes.
Hierauf soll u. a. in Abschnitt 6.3 näher eingegangen werden.

Eine Kurzbeschreibung des Programmes befindet sich im Anhang
dieses Berichtes.

6.3   Wirtschaftlichkeit des Programmsystems

Die wirtschaftlichen Aspekte der Anwendung des Programmsystems
PLATIN 2 lassen sich in zwei Bereiche gliedern.

Der erste Bereich umfaßt die Frage, ob eine bisherige konventionelle Zuschnittsermittlung teilweise durch eine rechnergestützte Zuschnittsermittlung ergänzt werden soll.

Der zweite Bereich behandelt die Fragestellung, ob die Bestimmung einer optimierten Zuschnittsform wirtschaftlich sinnvoll ist.

Die Abwägung der Wirtschaftlichkeit einer Sache im voraus bedeutet stets eine Gegenüberstellung von zunächst erforderlichen
Aufwendungen und später dadurch realisierbaren Erwartungen.

Für den Fall der Zuschnittsermittlung auf konventionelle oder
teilweise rechnergestützte Art durch PLATIN 2 ergibt sich folgende Situation.

Zunächst sind die jeweiligen mittelbaren Aufwendungen für die
technischen und organisatorischen Voraussetzungen zur Benutzung
des Programmes und dann die unmittelbaren Aufwendungen für den
eigentlichen Betrieb von PLATIN 2 zu bestimmen (siehe Abschnitt
6.1).
Diesen Kosten stehen die Einsparungen an Arbeitszeit bei der
konventionellen Zuschnittsermittlung gegenüber.
Konkret kann dies z. B. bedeuten: Der Rechenzeitaufwand für
ein einfacheres Teil beträgt an einem Großrechner ca. 30 bis
300 Sekunden, bei einem Preis von z. Z. ca. DM 1,-- pro Sekun-
de für die kommerzielle Anwendung.
Diesen Kosten stehen die Aufwendungen für die viele Stunden
umfassende manuelle Anwendung dieser Methode der Zuschnittsermittlung gegenüber.
Nicht direkt quantifizierbare Vorteile,wie z. B. größere Unab-
hängigkeit vom Spezialwissen Einzelner,kommt hinzu.

Die Frage, ob eine optimierte Zuschnittsermittlung sinnvoll
ist, läßt sich nur im konkreten Einzelfall entscheiden.
Für eine große Zahl von Teilen aus dem Bereich der Blechver-

arbeitung gelten aber die im folgenden aufgelisteten möglichen
Vorteile der rechnergestützten Zuschnittsermittlung mit
PLATIN 2:

- Zuschnittsermittlung innerhalb weniger Minuten
- genauere Bestimmung der Platinenform als mit manuellen Verfahren
- Zuschnittsermittlung in der Konzeptionsphase eines
  Ziehteiles, d. h. insbesondere zeitlich vor der Auslegung der Werkzeuge, woraus ein verringerter Versuchsaufwand bei der Auslegung des Platinenschnittwerkzeuges resultiert und dieses schneller verfügbar
  ist
- geringerer Werkstoffabfall, besonders in Verbindung
  von PLATIN 2 mit einem Ausschnittsoptimierungsprogramm, welches die in PLATIN 2 ermittelte optimierte Zuschnittsform mit geringstem Werkstoffverlust im Blechstreifen anordnet
- Verwenden von Tiefziehblechen geringerer Qualität
- Optimierung des Ziehvorganges hinsichtlich des erforderlichen Kraftaufwandes.

An nötigen Aufwendungen stehen diesen Vorteilen lediglich die
im Einzelfall zu ermittelnden Kosten für den Betrieb und die
Benutzung des Programmes gegenüber.
Besondere Bedeutung bei der Beurteilung der Wirtschaftlichkeit
des Programmsystems PLATIN 2 kommt der Anwendungstiefe des
Programmes zu.
Für den Fall der Einzelanwendung, d. h. das Programm wird
allein für sich genutzt, sind die Vorteile in ihrer Tragweite
eng begrenzt. Je intensiver die Nutzung von PLATIN 2 in Verbindung mit anderer fachspezifischer Software betrieben werden
kann, desto größer werden die möglichen Vorteile und Einsparungen.
Ein erster aber wesentlicher Schritt in diese Richtung ist die
oben angeführte Verbindung des Zuschnittsoptimierungsprogrammes
PLATIN 2 mit einem geeigneten Ausschnittsoptimierungsprogramm,
das die Platine mit geringstem Werkstoffverlust im Blechstreifen anordnet.

Weiterführende Überlegungen leiten hin zu einer Einbindung von
PLATIN 2 in ein umfangreiches fachbezogenes Softwaresystem.
Ein solches System von Programmpaketen könnte beginnen mit
CAD-Programmen, welche von PLATIN 2 Daten für die Konstruktion
von Platinenschnittwerkzeugen erhalten.
Am anderen Ende eines solchen integrierten Softwaresystems
könnte die numerische Steuerung von Maschinen, z. B. einer
Nibbelmaschine oder Laser-Schneidemaschine zur Platinenherstellung stehen.
Die wirtschaftlichen und technologischen Möglichkeiten für
solche Systeme, in welchen PLATIN 2 nur ein kleiner Baustein
sein könnte, verstärken sich mit zunehmender Integration einzelner Komponenten und ihre Bedeutung in der Zukunft wird sicherlich außerordentlich groß sein.
Der größte wirtschaftliche Nutzen des Programmes PLATIN 2 wäre
zweifellos in Verbindung mit einem solchen Programmverbund zu
erreichen.

7 Berechnungsbeispiele

Die im folgenden gezeigten Beispiele beschreiben exemplarisch die Handhabung des Programmes PLATIN 2.

Im ersten Beispiel wird der fünfeckige Versuchsnapf behandelt. Es werden ausführlich ein kompletter Programmlauf mit Eingabe und Ausgabe im Dialog, sowie die erstellten Zeichnungen beschrieben. Dagegen sind die weiteren Beispiele jeweils vereinfacht nur mit Datensatz und Zeichnungen dargestellt.

7.1 Beispiel I (Versuchsnapf)

Das zu analysierende Teil ist durch eine Skizze oder technische Zeichnung gegeben. Der die Geometrie des Napfes beschreibende Eingabedatensatz ist gemäß Abschnitt 3.2 zu erstellen. Bild 54 zeigt den Versuchsnapf und den dazugehörigen Datensatz.

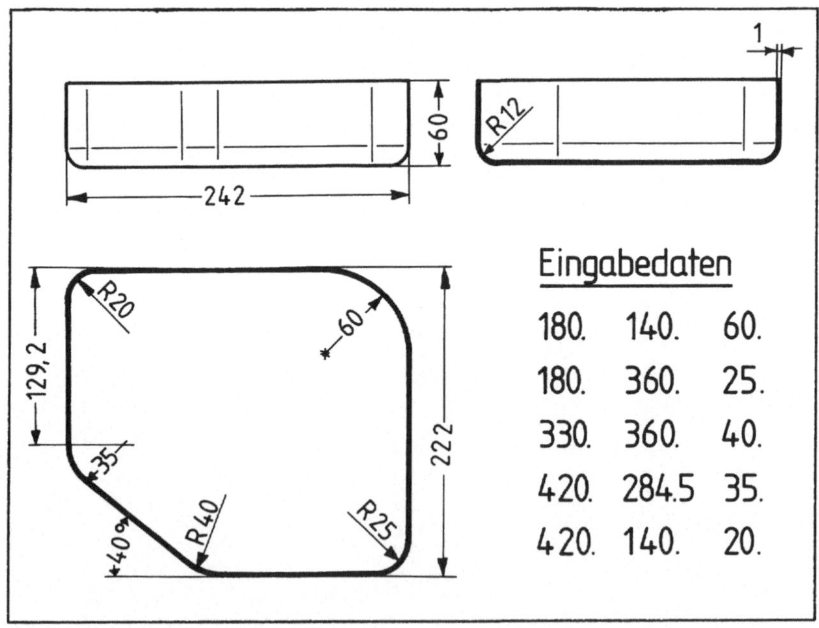

Bild 54: Versuchsnapf und Eingabedatensatz.

In den Bildern 55 a) bis 56 g) sind der Dialog und die erstellten Zeichnungen für den Versuchsnapf dargestellt.
Die Eingabe der Geometriedaten erfolgte in diesem Beispiel im Dialog (siehe Bild 55). Gemäß Abschnitt 3.1 können Eingabedaten auch vor dem eigentlichen Rechenlauf (off line) erstellt werden. Die Daten müssen dann vor Beginn des Laufes auf einem lokalen File mit dem Namen WSTDAT vorliegen und die Frage nach dem Einlesen der Daten (siehe Bild 55) ist entsprechend zu beantworten.

Abschließend sei noch auf den Versuchsnapf mit ausgeformtem Boden (Bild 44, Abschnitt 4.5) verwiesen, bei dem es sich ebenfalls um einen Napf aus diesem Beispiel handelt.

7.2   Beispiel II (Vieleck mit nach innenspringender Ecke)

Für ein Vieleck mit nach innenspringender Ecke sind in Bild 57 die Skizze und der die Geometrie beschreibende Eingabedatensatz abgebildet.

Die Bilder 58 a) und 58 b) zeigen zwei 3D-Darstellungen des Beispielnapfes.

Das Bild 58 c) enthält das Ergebnis des Rechenlaufes in Form der eingegebenen Innenkontur, des Gleitlinienfeldes und der gesuchten Zuschnittsform als Außenkontur.

7.3   Beispiel III (Manuelle Kombination eines Vieleckes mit abgesetztem Boden)

Im dritten Beispiel sind in den Bildern 59 bis 60 g) analog zum ersten Beispiel die

- Skizze mit Datensatz
- zwei 3D-Darstellungen
- Gleitlinienfeld
- optimierte Zuschnittsform
- Spannungsanalyse
- Geschwindigkeitsanalyse

- Formänderungsanalyse

dargestellt.

Die Möglichkeiten der Zuschnittsfindung durch manuelle Kombination von Einzelformen wird im folgenden an diesem Beispiel demonstriert.
Direkt kalkulierbare Geometrien müssen zueinander planparallele Flansch- und Bodenebenen aufweisen.
Gelingt es aber, Teile mit abgesetzten Böden näherungsweise in direkt kalkulierbare Formelemente aufzuteilen, so kann durch eine Zuschnittsbestimmung der einzelnen Elemente und einer anschließenden manuellen Kombination dieser Einzelzuschnitte die Zuschnittsform für das abgesetzte Ziehteil näherungsweise bestimmt werden.

Im vorliegenden Fall wurden für das quadratische Ziehteil drei Zuschnittsformen für jeweils eine andere Ziehteilhöhe berechnet und manuell diese Einzelkonturen entsprechend Bild 43 zu der Zuschnittsform für das abgesetzte Ziehteil kombiniert.

```
^^^^^^^^^^^^^^^^^^^^^^^^^^^^^^^^^^^^^^^^^^^^^^^^^^^^^^^^^^^^^^^^^^^^^^^^^^^^^^^

    P R O G R A M M   P L A T I N 2

    I F U   UNI STUTTGART


^^^^^^^^^^^^^^^^^^^^^^^^^^^^^^^^^^^^^^^^^^^^^^^^^^^^^^^^^^^^^^^^^^^^^^^^^^^^^^^


PROGRAMM-MODUL 1 · EINGABE DER INNENKONTUR
------------------------------------------

INNENKONTUR BERECHNEN ? JA/1, NEIN/2
1
              1   VERSTANDEN


WOLLEN SIE DIE EINGABE AENDERN? JA/1 NEIN/2

2

  SOLLEN DIE GEOMETRIEDATEN EINGEGEBEN (1),
ODER VON FILE WSTDAT (2) GELESEN WERDEN.

2

WOLLEN SIE DIE EINGABE AENDERN? JA/1 NEIN/2

2
ANZAHL DER EINGEGEBENEN INNENKONTURECKPUNKTE ?
5
              5   VERSTANDEN


WOLLEN SIE DIE EINGABE AENDERN? JA/1 NEIN/2

2

KOORDINATEN UND RADIEN DER ECKPUNKTE
     X            Y            R
   180.00       140.00       60.00
   180.00       360.00       25.00
   330.00       360.00       40.00
   420.00       284.50       35.00
   420.00       140.00       20.00

  SIND DIE EINGEGEBENEN DATEN IN ORDNUNG? JA/1 NEIN/2

1



WAEHLEN SIE AUS UNTENSTEHENDENER TABELLE EINEN WERKSTOFF AUS,
UND GEBEN SIE DIE LAUFENDE NR. AUS SPALTE 1 EIN.
```

Bild 55 a): Dialog am Bildschirm.

```
ANZAHL DER WERKSTOFFE IAW = 14
*********************************************************************
*LFD-NR.*  WERKSTOFF       * WKST-NR. * ERREICHBARES    * STRECKGRENZE *
*        *                 *          * ZIEHVERHAELTNIS * [N/MM**2]    *
*********************************************************************
*  01.  *  UST 12          * 1.0330 *      1.8        *     280.    *
*       *                  *        *                 *             *
*  02.  *  UST 13          * 1.0333 *      1.9        *     250.    *
*       *                  *        *                 *             *
*  03.  *  RRST 14         * 1.0338 *      2.0        *     220.    *
*       *                  *        *                 *             *
*  04.  *  X8 CR 17        * 1.4016 *      1.6        *     270     *
*       *                  *        *                 *             *
*  05.  *  X5 CRNI 18  9   * 1 4301 *      2.0        *     185.    *
*       *                  *        *                 *             *
*  06   *  X10 CRAL 13 2   * 1.4841 *      1.7        *     295.    *
*       *                  *        *                 *             *
*  07.  *  X15 CRNISI 2520 * 1.4841 *      2.0        *     295     *
*       *                  *        *                 *             *
*  08.  *  CUZN40 F35      * 2.0360 *      2.1        *     235.    *
*       *                  *        *                 *             *
*  09.  *  CUZN28 F28      * 2.0261 *      2.2        *     155.    *
*       *                  *        *                 *             *
*  10.  *  CUNI12ZN24 F35  * 2.0370 *      1.9        *     295.    *
*       *                  *        *                 *             *
*  11.  *  AL99,5W         * 3.0255 *      2.1        *      59.    *
*       *                  *        *                 *             *
*  12.  *  AL99,5F10       * 3.0255 *      1.9        *      68.    *
*       *                  *        *                 *             *
*  13.  *  ALMG0,4SI1,2    * 0.0000 *      0.0        *     255.    *
*       *                  *        *                 *             *
*  14.  *  TI 99,7         * 3.7035 *      1.9        *     250.    *
*       *                  *        *                 *             *
*********************************************************************
3

GEWAEHLTER WERKSTOFF =

*LFD-NR.*  WERKSTOFF       * WKST-NR. * ERREICHBARES    * STRECKGRENZE *
*        *                 *          * ZIEHVERHAELTNIS * [N/MM**2]    *
*********************************************************************
*  03.  *  RRST 14         * 1 0338 *      2.0        *     220.    *

WOLLEN SIE DIE EINGABE AENDERN? JA/1 NEIN/2

2


      EINGABE VON WERKSTUECKINFORMATIONEN


BODENRUNDUNGSRADIUS DARF NICHT GROESSER SEIN ALS
DER KLEINSTE RADIUS EINES INNENKONTURTEILKREISES.


      BODENRUNDUNGSRADIUS [MM] ?
12
      ZIEHTEILHOEHE [MM] ?
60.
      ADDITIVE ZUGABE (FLANSCH) [MM] ?
0.

EINGEGEBENER BODENRUNDUNGSRADIUS [MM]       = 12.

EINGEGEBENE ZIEHTEILHOEHE [MM]              = 60.

EINGEGEBENE ADDITIVE ZUGABE [MM]            =  0.
```

Bild 55 b): Dialog am Bildschirm (Fortsetzung).

```
WOLLEN SIE DIE EINGABE AENDERN? JA/1 NEIN/2

2


SOLL EIN PRISMATISCHES (1) ODER EIN KEGELIGES (2)
ZIEHTEIL BERECHNET WERDEN ?
BITTE ENTSPRECHEND 1 BZW. 2 EINGEBEN
1


DAS BERECHNETE TEIL IST PRISMATISCH

SOLL EIN 3D-BILD ERSTELLT WERDEN?   JA/1,NEIN/2

1

WOLLEN SIE DIE EINGABE AENDERN? JA/1 NEIN/2

2

 PROGRAMM ZUR ERSTELLUNG EINES DREIDIMENSIONALEN
BILDES ZUR KONTROLLE DER EINGABEDATEN


 EINGESTELLTE AUGENLAGE BEI X= -1000 Y= -1000 Z= 6000

 SOLL DIE AUGENLAGE GEAENDERT WERDEN JA/1,NEIN/2

2

 3D-BILD WIRD BERECHNET



 WELCHE NETZLINIEN SOLLEN GEZEICHNET WERDEN?
ALLE(0), X-RICHTUNG (1), Y-RICHTUNG (2)

0

 SOLL EIN KASTEN GEZEICHNET WERDEN? JA/1 NEIN/0

1

 SOLL DAS BILD VON EINER ANDEREN ANSICHT DARGESTELLTWERDEN? JA/1 NEIN/2



 GIB AUGENLAGE IN KOORDINATEN X,Y,Z

-2000,-1500,4000

 3D-BILD WIRD BERECHNET



 WELCHE NETZLINIEN SOLLEN GEZEICHNET WERDEN?
ALLE(0), X-RICHTUNG (1), Y-RICHTUNG (2)

2

 SOLL EIN KASTEN GEZEICHNET WERDEN? JA/1 NEIN/0

1
```

Bild 55 c): Dialog am Bildschirm (Fortsetzung).

```
    SOLL DAS BILD VON EINER ANDEREN ANSICHT DARGESTELLTWERDEN? JA/1 NEIN/2

    2

    IST DIE 3D-DARSTELLUNG IN ORDNUNG?
    JA/1,NEIN/2

    1
    SOLL DER LAUF ABGEBROCHEN WERDEN? JA/1, NEIN/2

    2


    SOLL EINE SPANNUNGS- U. BEWEGUNGSANALYSE
    DURCHGEFUEHRT WERDEN ?   JA/1,  NEIN/2
    1

    WOLLEN SIE DIE EINGABE AENDERN? JA/1 NEIN/2

    2
    ERGEBNISSE DER SPANNUNGS-U. BEWEGUNGSANALYSE, SIEHE
    PLOTTBILDER UND PROGRAMMLAUF-PROTOKOLL (FILE:PRKOLL)


    ES WIRD DIE ZIEHKRAFT BERECHNET


                      KRAFTBERECHNUNG


    BLECHSTAERKE EINGEBEN  [MM]
    1.
    RINGRADIUS EINGEBEN    [MM]
    10.
    BLST: 1.00[MM]      RIRA:   10.[MM]


    KRAFTBEDARF              77. [KN]

       *** PICASSO MELDET
       *** ZWISCHENFILE AUF TAPE13
        STOP
         146600 MAXIMUM EXECUTION FL.
        179.445 CP SECONDS EXECUTION TIME
    COMMAND-
```

Bild 55 d): Dialog am Bildschirm (Fortsetzung).

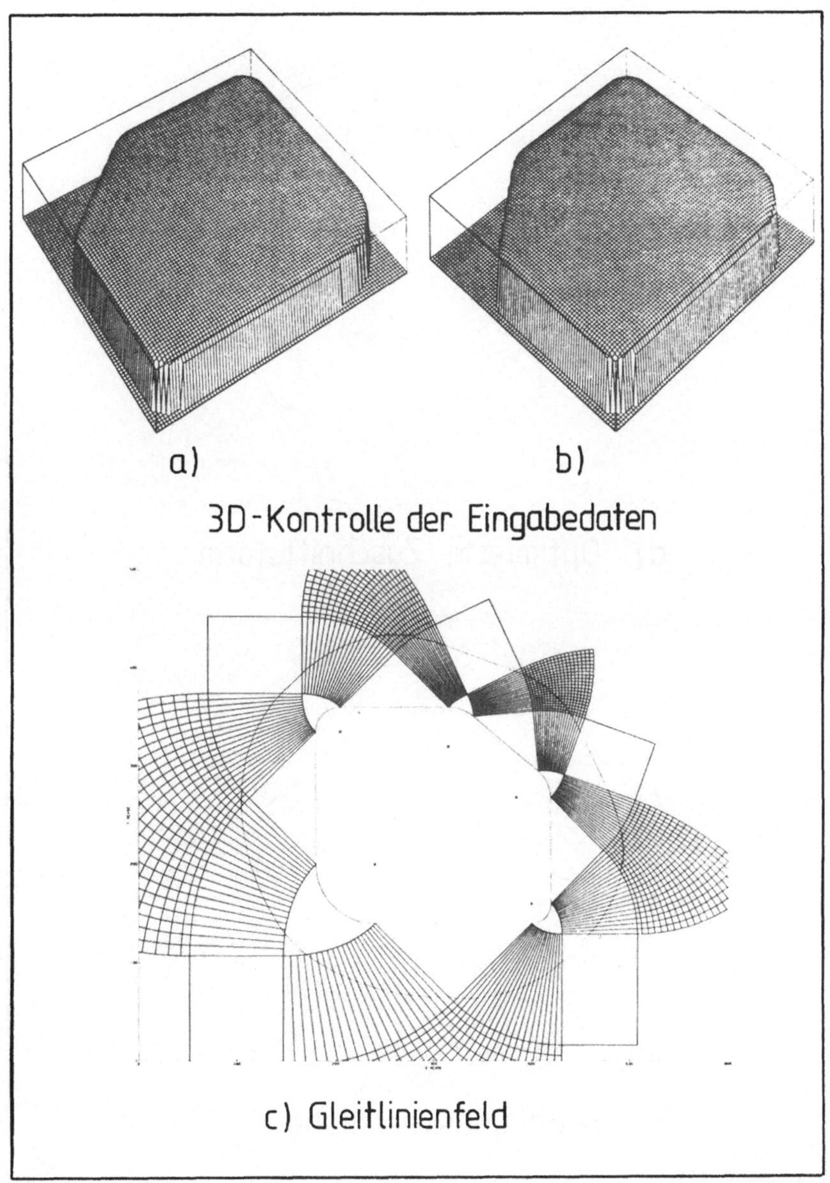

Bild 56 a), b), c): 3D-Kontrolle und Gleitlinienfeld.

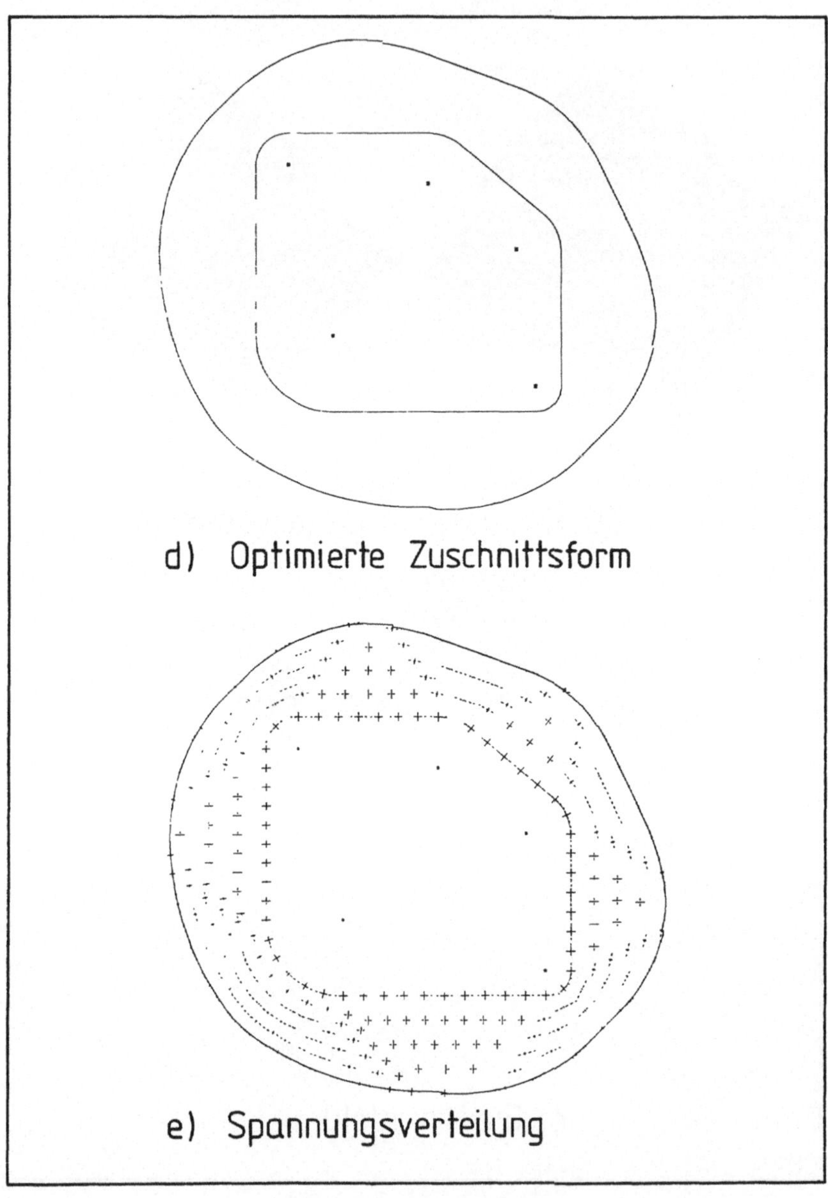

Bild 56 d), e): Optimierte Zuschnittsform und Spannungsverteilung.

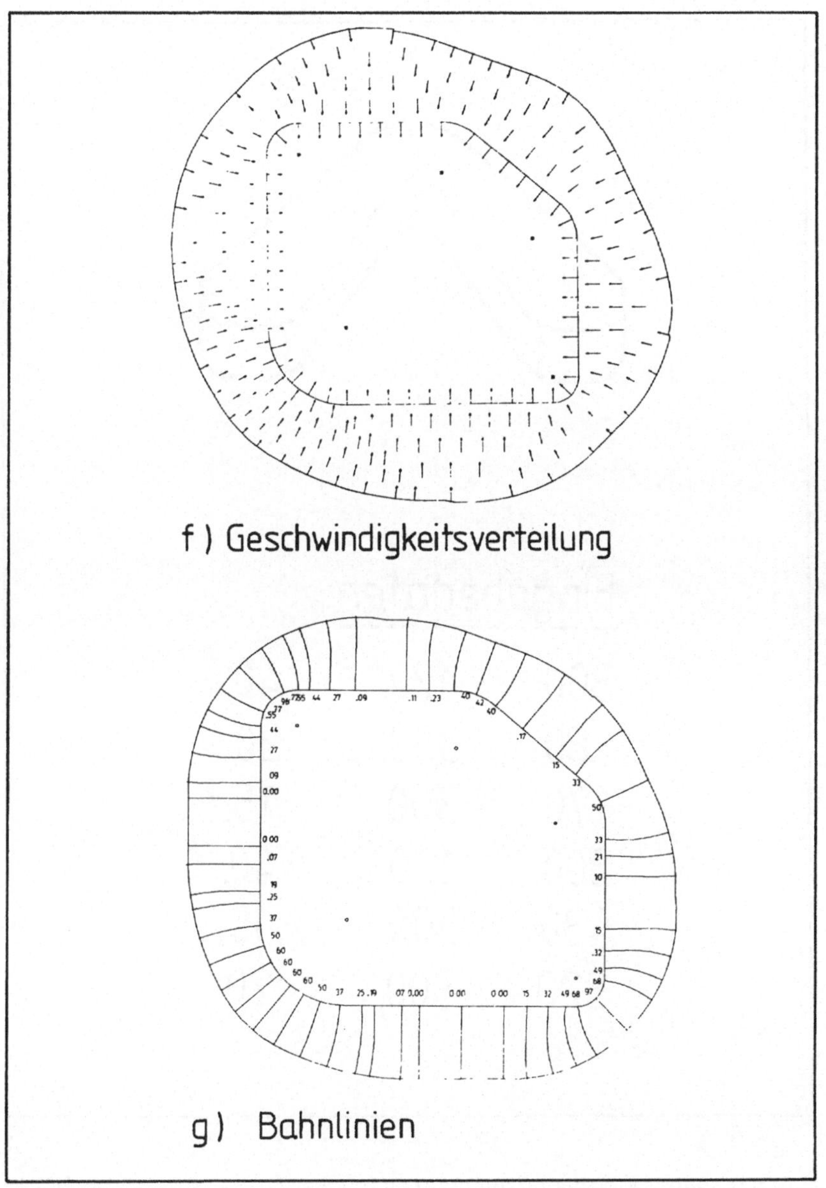

Bild 56 f), g): Geschwindigkeitsverteilung, Bahnlinien
und Vergleichsformänderungen.

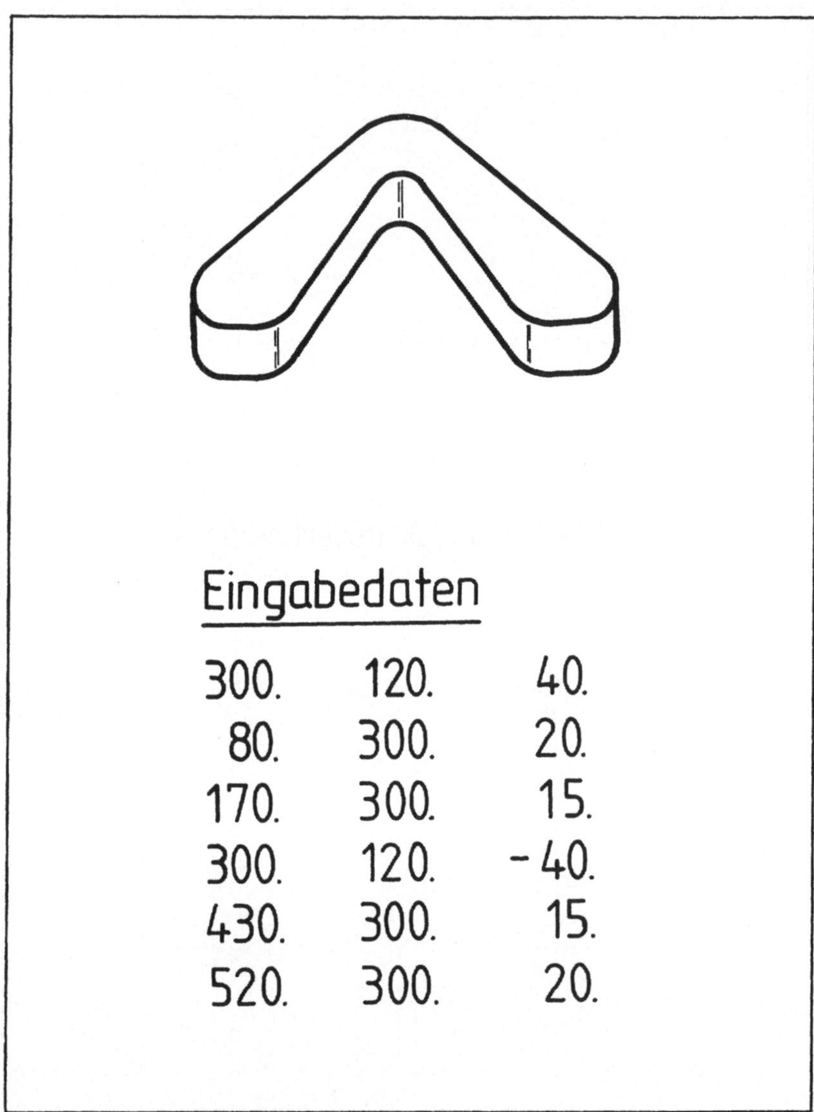

Bild 57: Napf mit nach innenspringender Ecke, sowie zugehöriger Eingabedatensatz.

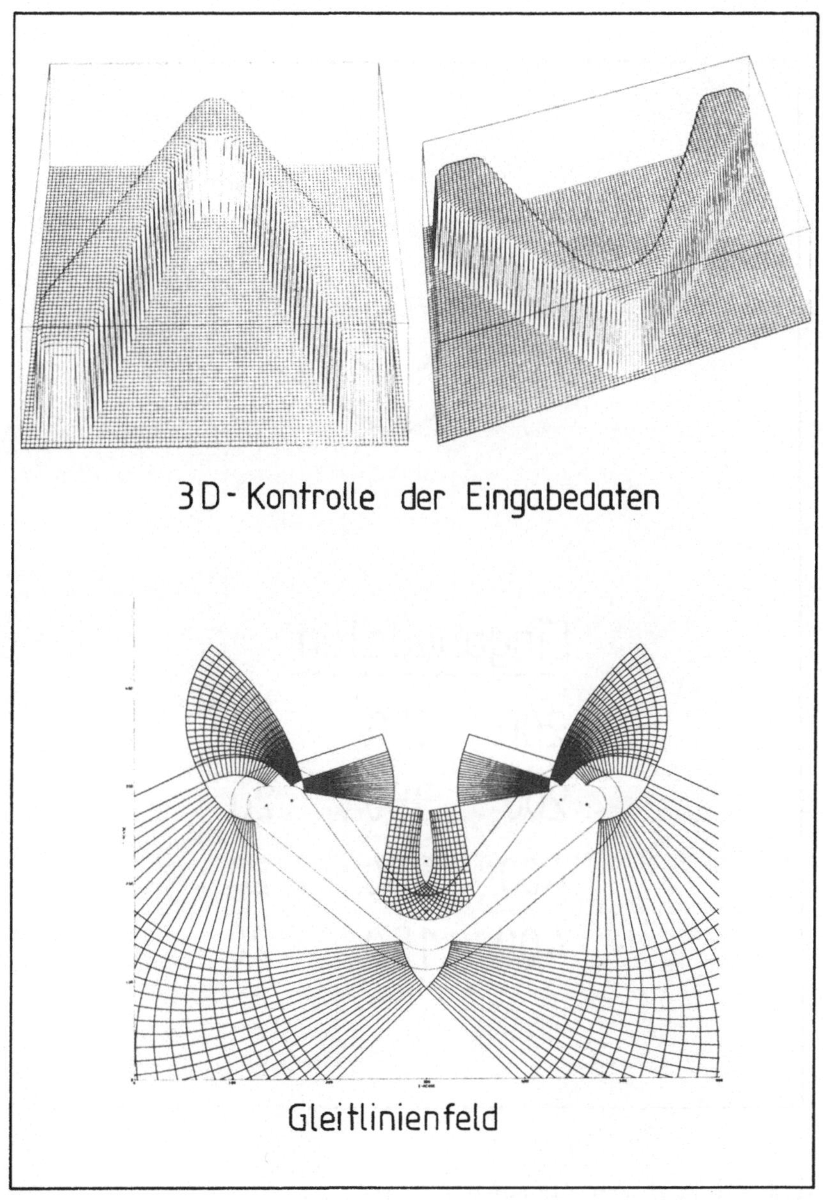

Bild 58 a), b), c): 3D-Kontrolle und Gleitlinienfeld.

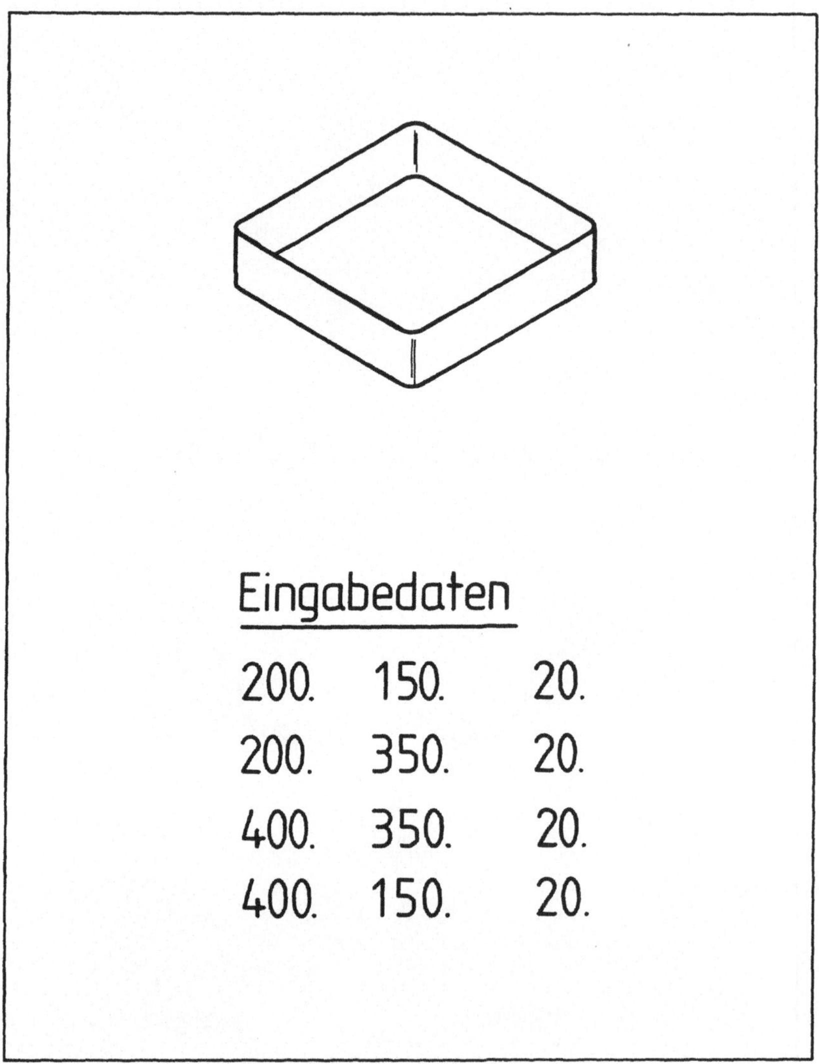

Bild 59: Napf und Eingabedatensatz.

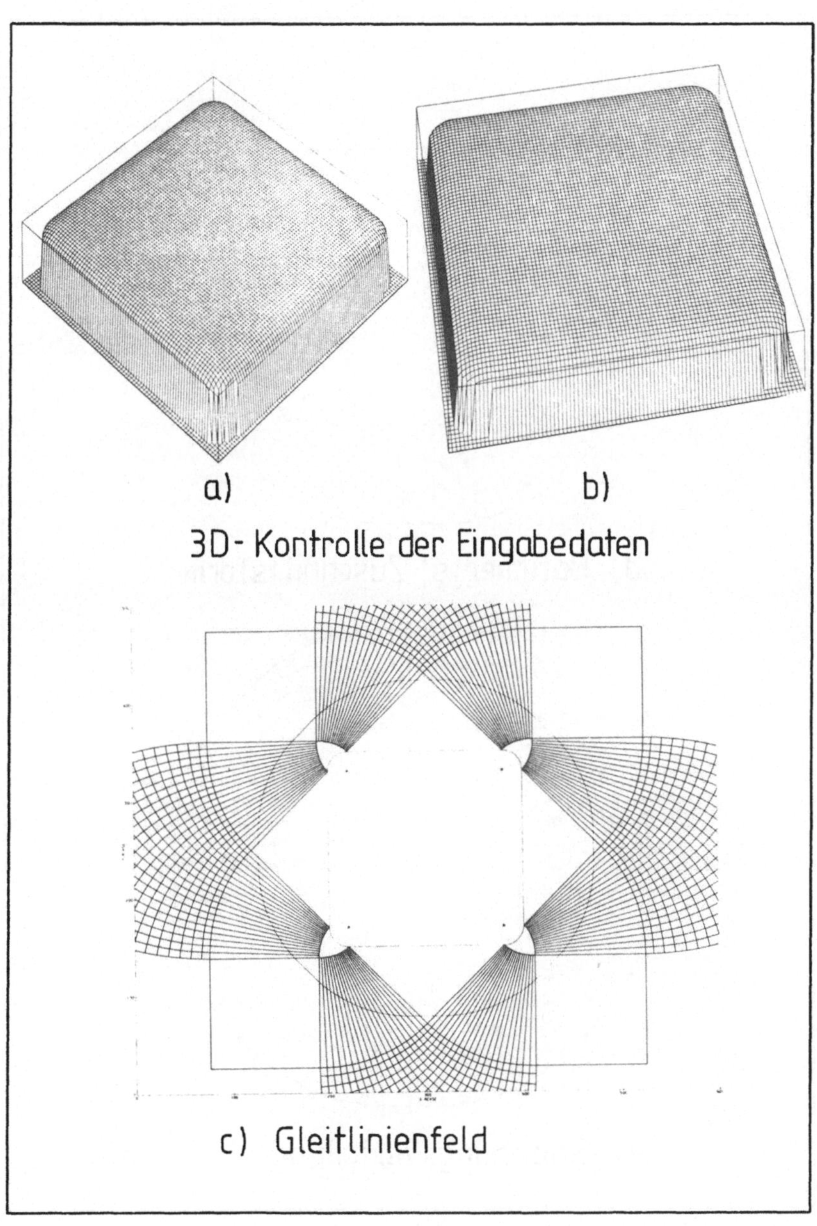

Bild 60 a), b), c): 3D-Kontrolle und Gleitlinienfeld.

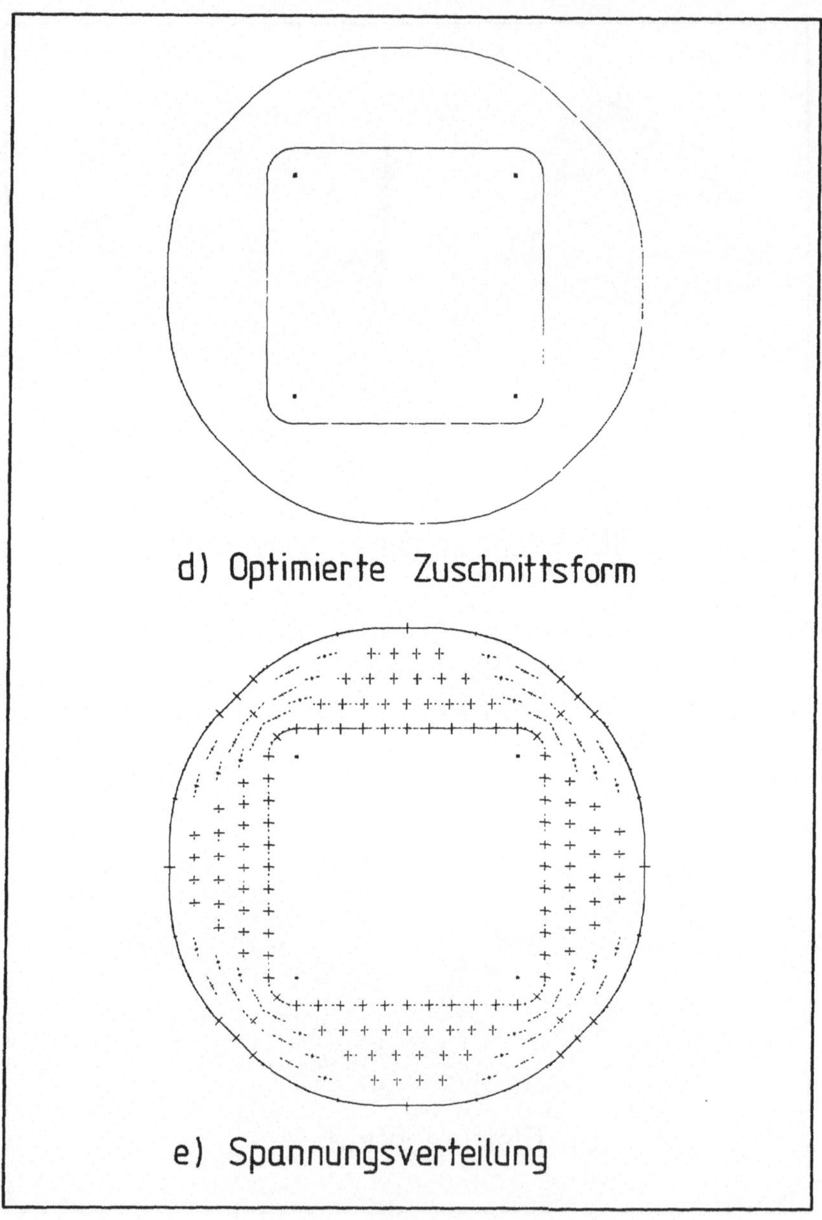

Bild 60 d), e): Optimierte Zuschnittsform und Spannungsverteilung.

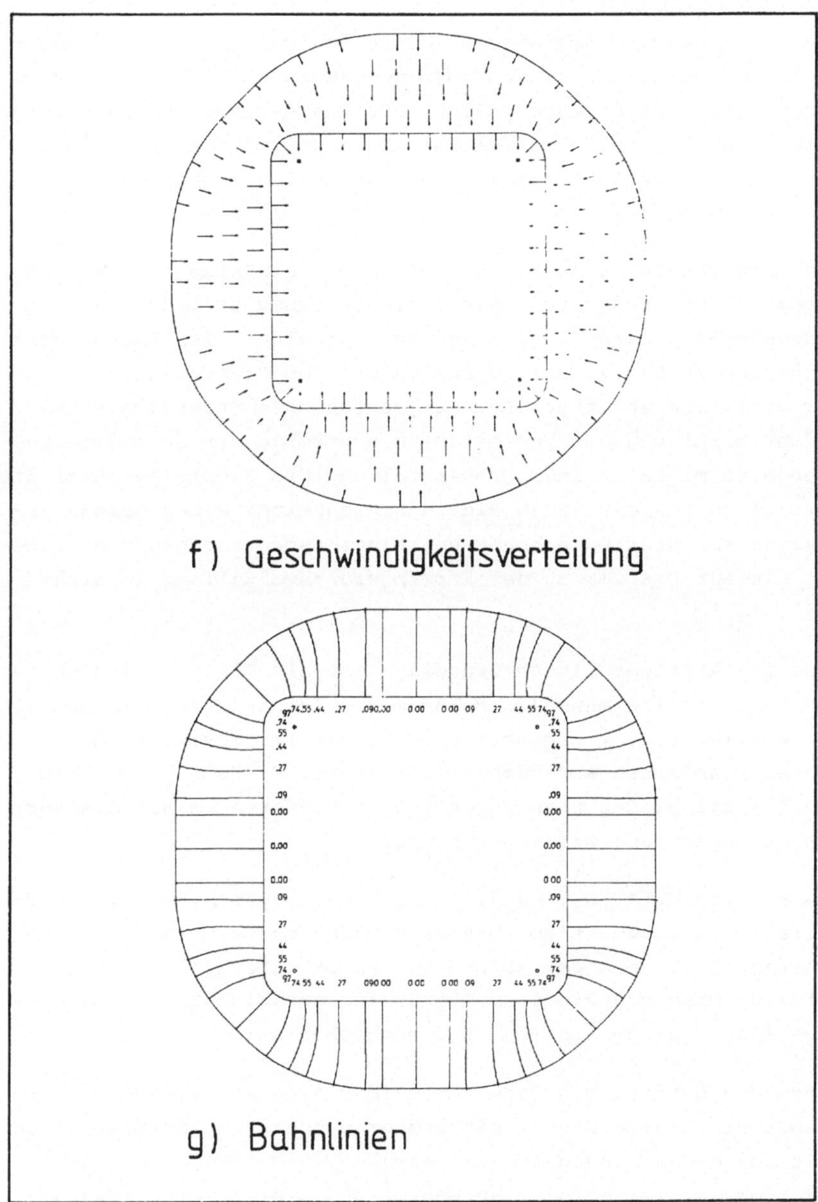

Bild 60 f), g): Geschwindigkeitsverteilung, Bahnlinien und Vergleichsformänderungen.

Ziel der Untersuchung war es, einen Beitrag zur rationelleren
Arbeitsvorbereitung beim Tiefziehen unter Einsatz elektroni-
scher Datenverarbeitungsanlagen für das Umformen einfach unregelmäßiger Ziehteile zu leisten. Zentraler Aspekt war dabei
die automatisierte Ermittlung der optimalen Zuschnittsform für
unregelmäßige Teile.

Das entwickelte Programmsystem PLATIN 2 ermöglicht u. a. die
automatische Generierung der optimalen Zuschnittsformen für
unregelmäßige Ziehteile, ausgehend von einer die Abmessungen
enthaltenden Skizze des zu analysierenden Ziehteiles.
Der wahlweise abrufbare Leistungsumfang des Programmsystems
reicht dabei von der komfortablen Kontrolle der Geometrieeingabedaten mittels einer 3D-Darstellung des Ziehteiles über die
Ermittlung des optimalen Platinenzuschnitts, einer Spannungsanalyse mit Kraftberechnung und einer Geschwindigkeitsanalyse
bis hin zur Bestimmung der Formänderungsverteilung im Ziehteil.

Plastizitätstheoretische Grundlage ist die Gleitlinientheorie.
Die vorgestellte manuelle Methode der Zuschnittsermittlung
wurde erweitert, verbessert und für die Erfordernisse der
rechentechnischen Anwendung modifiziert. Darüber hinaus kam
die Ermittlung der Spannungen und Formänderungen auf die vorgestellte Art und Weise neu hinzu.

Das Programm PLATIN 2 wurde in FORTRAN IV geschrieben. Es ar-
beitet im Dialogbetrieb. PLATIN 2 wurde stufenweise entwickelt,
angefangen mit einigen Vorprogrammen für spezielle Teilegeometrien, über ein Programm PLATIN für den Stapelbetrieb, welches als Vorstufe von PLATIN 2 angesehen werden kann.

Durch den Betrieb des Programmes im Dialog am Bildschirm wird
eine kurze Einarbeitungszeit und eine hohe Benutzerfreundlich-
keit bei der Anwendung realisiert.
Das Programm ist modular aufgebaut und besitzt eine OVERLAY-
Struktur zur Reduzierung des Kernspeicherbedarfs.
Der Programmlauf beginnt mit der Eingabe der Geometriedaten

des zu analysierenden Ziehteiles. Es folgt eine Kontrolle dieser Eingabedaten mittels einer dreidimensionalen Darstellung des Ziehteiles.

Nach dem Erstellen der Innenkontur werden elementweise die Gleitlinienfelder generiert und in Abhängigkeit von der Ziehteilhöhe u. a. die Außenkontur, welche gleich der Platinenform ist, ermittelt. In einem weiteren Programm-Modul erfolgt optional eine Spannungsanalyse, verbunden mit einer Bestimmung der Ziehkraft. Abschließend wird eine Geschwindigkeitsanalyse, eine Formänderungsgeschwindigkeits- und eine Vergleichsformänderungsverteilung erstellt.

Die Darstellung der Ergebnisse erfolgt im Dialog und parallel dazu in einem Programmlaufprotokoll sowie auf einer Anzahl von Zeichnungen.

Diese Leistungen des Programms gelten für ein definiertes Teilespektrum. Im wesentlichen umfaßt diese Formenordnung Vielecke mit paralleler Flansch- und Bodenebene. Vielecke mit nach innenspringenden Radien sind zulässig. Die Ziehteile können dabei prismatische oder bis 20 ° Kegelwinkel beschränkt kegelige Zargen aufweisen.

Neben diesen direkt berechenbaren Formen besteht die Möglichkeit der manuellen Kombination von direkt kalkulierbaren Geometrien zu zusammengesetzten Formen und zu Teilen mit abgesetzten Böden.

Daneben können auch Ziehteile mit lokalen Abweichungen von dieser Formenordnung, z. B. Teile mit ausgeformten Böden, näherungsweise analysiert werden. Bodenausformungen bis zu einem Winkel von 20 ° wurden experimentell bestätigt.

Besonders die Möglichkeit der Kombination einzelner Formelemente zu solchen kombinierten Teilegeometrien läßt ein weites Feld praktischer Anwendungen erwarten.

Formen, die jedoch wesentlich außerhalb des dargestellten Teilespektrums liegen, können mit PLATIN 2 nicht analysiert werden.

In umfangreichen Versuchsreihen wurden die theoretisch bestimmten Zuschnittsformen überprüft. Es zeigte sich insbeson-

dere für kleinere bis mittlere Ziehteilhöhen eine gute Übereinstimmung von Rechnung und Experiment.
Bei den praktischen Versuchen betrug die maximale Abweichung
der tatsächlichen Ziehteilhöhe von der vorgegebenen Höhe ca.
$\pm$ 7 % bei einem 77 mm hohen Napf des Versuchswerkzeuges.

Der untersuchte Einfluß von Anisotropie, Reibung und Verfestigung war im Bereich der variierten Parameter gering. Die daraus
resultierenden gemessenen Abweichungen lagen im wesentlichen
innerhalb der Wiederholgenauigkeit der Versuche. Dieses Ergebnis muß mit den relativ begrenzten und lokal im Flansch verteilten Formänderungen erklärt werden, die bei unregelmäßigen
Ziehteilen mit nur kleiner bis mittlerer Ziehteilhöhe auftreten.
Bei größerer Ziehteilhöhe werden die Ergebnisse der Versuche
zunehmend schlechter. Hier sind die Auswirkungen der die realen Vorgänge beim Tiefziehen stark vereinfachenden Annahme
eines ebenen Formänderungszustandes deutlicher erkennbar. Das
zugrundegelegte theoretische Modell beschreibt die Realität
dann nur noch mit unbefriedigender Genauigkeit.

Die aufwendige Berücksichtigung von Anisotropie, Reibung und
Verfestigung erscheint daher in einem ebenen Modell für kleinere bis mittlere Ziehteilhöhen nicht notwendig und bei größeren Ziehteilhöhen mit größeren Formänderungen nicht sinnvoll,
da hierbei verfahrensbedingte Effekte in Blechdickenrichtung
von gravierenderem Einfluß sind.

Die Zielsetzung der Untersuchung in wirtschaftlicher Hinsicht
wird von dem Rechnerprogramm erfüllt.
So kann automatisiert wesentlich schneller und genauer innerhalb vorgegebener Grenzen der Zuschnitt eines unregelmäßigen
Teiles bestimmt werden. Damit verringert sich der Versuchsaufwand bei der Herstellung des Platinenschnittwerkzeuges.

Durch die optimierte Platinenform ergibt sich eine Verringerung
des Werkstoffabfalls, insbesondere, wenn das Zuschnittsermitt-
lungsprogramm PLATIN 2 in Verbindung mit einem Ausschnittsoptimierungsprogramm, welches die Platinen werkstoffverlustmini-
mal im Blechstreifen anordnet, verwendet wird.

Insgesamt erlaubt eine so optimierte Platine aber auch allgemein eine Verbesserung der Ergebnisse des Tiefziehvorganges, da die vom Werkstoff zu ertragenden Spannungen minimiert werden. Daher lassen sich entweder größere Ziehtiefen erreichen, oder ein Tiefziehblech geringerer Qualität verwenden.[1]

Abschließend wird die Handhabung und die Anwendung des Programmsystems PLATIN 2 in der vorliegenden Arbeit an einer Reihe von Beispielen verdeutlicht. Das Rechnerprogramm kann dabei mit ausreichender Genauigkeit für ein eingeschränktes Teilespektrum von unregelmäßigen Ziehteilen schnell und kostengünstig Informationen zur Vorbereitung von Tiefziehoperationen liefern.

Der größte Nutzeffekt kann mit PLATIN 2 erreicht werden, wenn es in Verbindung mit anderer fachspezifischer Software im Rahmen eines rechnergestützten Arbeitsplatzes verwendet wird.

Weiterführende Überlegungen schlössen die Einbeziehung von PLATIN 2 in ein System von Programmpaketen ein. Dieses könnte von CAD-Bereichen bei der Werkzeugkonstruktion bis hin zur numerischen Steuerung von Maschinen bei der Werkzeugherstellung sowie Produktionsanlagen, z. B. einer Nibbelmaschine zur Platinenherstellung reichen.

Entscheidend für die Verwirklichung solcher Ideen sind selbstverständlich wirtschaftliche Gesichtspunkte, bei denen man aber nicht die sich stark ausweitenden Möglichkeiten der Anwendungssoftware außer acht lassen sollte.

[1] Nach der Fertigstellung dieser Arbeit wurde in einer Untersuchung von Mössle [32] der quantitative Einfluß einer optimierten Zuschnittsform auf die maximale Ziehkraft experimentell ermittelt. Dabei ergab sich eine Reduzierung der Ziehkraft bei einem Teil mit Flansch um ca. 25 % und beim durchgezogenen Napf von bis zu 50 % der Ziehkraft bei rechteckigem Zuschnitt.

9   Anhang

9.1   <u>Programmkurzbeschreibung</u>

Programmkurzbeschreibung gemäß den CAD-Richtlinien der Gesell-
schaft für Kernforschung m. b. H., Karlsruhe.

<table>
<tr><td colspan="2"><h1>PROGRAMM-
KURZBESCHREIBUNG</h1></td><td>Ifd. Nr.:
Datum: Sept. 1982</td></tr>
</table>

0.1 Titel: Rechnerunterstützung beim Tiefziehen einfach unregelmäßiger Teile

0.2 Programmname: PLATIN 2

0.3 Programmautor Name: Dipl.-Ing. H. Glöckl am Institut für Umformtechnik der Univ. Stuttgart
Ort: 7000 Stuttgart 1
Straße: Holzgartenstraße 17
Telefon: 0711-2073 928

1 Fach-Bereich

1.1 Aufgabe	1.3 Besonderheiten:	1.6 Verknüpfungen:
1.2 Verfahren	1.4 Eingabe	1.7 Anwendungsfall
	1.5 Ausgabe	1.8 Unterlagen

zu 1.1: Das Computerprogramm PLATIN 2 dient zur Unterstützung bei der Vorbereitung von Tiefziehoperationen bei einfach unregelmäßigen Teilen. Im einzelnen wird ermittelt:Gleitlinienfeld, optimale Zuschnittsform, Kraftbedarf sowie die Verteilung von Spannungen, Geschwindigkeiten und Vergleichsformänderungen.

zu 1.2: Plastomechanisches Berechnungsmodell auf der Grundlage des ebenen Formänderungszustandes und des starr-idealplastischen Werkstoffmodells nach v. Mises. Berechnungsverfahren: Gleitlinientheorie. Behandeltes Umformverfahren: Tiefziehen unregelmäßiger Ziehteile.

zu 1.3: Das Programm PLATIN 2 besitzt eine mehrstufige OVERLAY-Struktur zur Verringerung des benötigten Kernspeicherbedarfs.

zu 1.4: Die Eingabedaten bestehen aus Geometrieinformationen des zu analysierenden Werkstückes und aus Steuerungsinformationen für den Programmlauf.

zu 1.5: Die Ausgabe umfaßt die zum Dialog notwendigen Angaben und die Ergebnisse der Berechnung. Im einzelnen handelt es sich dabei um Zeichnungen des Gleitlinienfeldes, der optimierten Zuschnittsform, der Spannungs-, der Geschwindigkeits- und der Vergleichsformänderungsverteilung. Ferner werden der Dialog und wichtige Informationen des Rechenlaufes in einem Programmlaufprotokoll dokumentiert.

zu 1.6: Zur Anwendung des Programmes PLATIN 2 ist ein geeignetes Graphikpaket notwendig. In der realisierten Version wird das Paket PICASSO des Rechenzentrums der Universität Stuttgart verwendet.

zu 1.7: Vorbereitung von Tiefziehoperationen, Zuschnittsformermittlung, Werkzeugkonstruktion. Einbau in und Kombination mit anderer fachspezifischer Software, z. B. mit einem Ausschnittsoptimierungsprogramm.

zu 1.8: Vorliegender Bericht aus dem Institut für Umformtechnik der Universität Stuttgart.

2 Datenverarbeitungs-Bereich

2.1 Jahr der Erst-installation: 19 82	2.2 Version-Nr.: 2	2.3 Version-Datum: Sept. 1982

2.4 Programmier-sprachen: FORTRAN IV	2.5 Programm-länge: Zahl der Anweisungen ca. 7500

Speicher	Mind. Ausstatt.		Norm. Ausstatt.		Max. Ausstatt.	
2.6 Arbeitsspeicher	150 000 BCM					
2.7 Hintergrundspeicher						
2.8 Dateien	Anzahl	Länge	Anzahl	Länge	Anzahl	Länge
sequentiell						
indexsequentiell						
Direktzugriff	1	-				

2.9 Eingabe Bildschirm oder Lochkarten

2.10 Ausgabe: Bildschirm, Schnelldrucker, Plotter, Lochstreifen, Magnetband

2.11 Verarbeitungsformen: Dialogbetrieb (eingeschränkter Stapelbetrieb)

2.12 Installationen

Hersteller	Anlagen Typ	Betriebssystem	Anzahl der Installationen
Control Data	Cyber 174	NOS/Be 1.5 Level 552+05/18/82	-

2.13 Unterlagen: Vorliegender Bericht aus dem Institut für Umformtechnik der Universität Stuttgart

3 Markt-Bereich (Angaben sind nicht bindend)

3.1 Anbieter: Institut für Umformtechnik
Ort: 7000 Stuttgart 1
Straße: Holzgartenstraße 17
Bearbeiter: Dipl.-Ing.H.Glöckl
Telefon, Telex: 0711-2073 928

3.2 Pflegestelle:
Ort:
Straße:
Bearbeiter:
Telefon, Telex:

3.3 Kaufpreis:	DM	3.5 Installationskosten	DM
3.4 Mietpreis:	DM/	3.6 Schulungskosten:	DM
alles ohne MWSt.		3.7 Pflegekosten:	DM

3.8 öffentliche Förderung: Deutsche Forschungsgemeinschaft

3.9 Besonderheiten:

Fachgebiet Fertigungsvorbereitung, Werkzeugkonstruktion, Blechbearbeitung, Tiefziehen unregelmäßiger Teile

Deskriptoren Rechnergestützte Zuschnittsermittlung für einfach unregelmäßige Tiefziehteile

Schrifttumsverzeichnis

[1] Oehler /Kaiser. Schnitt-, Stanz- und Ziehwerkzeuge, 6.
      Aufl. Berlin, Heidelberg, New York: Springer 1966.

[2] Romanowski, W. P.: Handbuch der Stanzereitechnik, Berlin:
      VEB-Technik 1965.

[3] AWF-Blatt 5791, Blätter des Ausschusses für Stanzerei-
      technik (Berlin), Tabelle 36, S. 647.

[4] Igel, H.: Zuschnittsermittlung für Ziehteile mit nicht
      kreisförmiger Querschnittsfläche, Blech - Rohre- Profile
      28 (1981) 11, S. 518 - 520.

[5] Oettinger, H.: Zuschnittsermittlung mit dem Radien-
      Schichtlinien-Verfahren, Ind.-Anz. 75 (1953), Sonderteil
      "Blech in Konstruktion und Fertigung", S. 1063 - 1069.

[6] Hasek, V.: Möglichkeiten zur Steuerung des Stoffflusses
      beim Ziehen großer unregelmäßiger Blechteile. Institut
      für Umformtechnik, Universität Stuttgart. Bericht Nr. 56,
      Berlin, Heidelberg, New York: Springer 1980.

[7] Hibert, H. L.: Umformende Werkzeuge, Band II. München:
      Carl Hanser Verlag 1970.

[8] Glöckl, H.: Ermittlung der Platinenform von Ziehteilen
      mit Hilfe der Gleitlinientheorie, Teil B: Rechner-
      programm PLATIN. In Tagungsbroschüre: Neuere Entwick-
      lung in der Blechbearbeitung. Stuttgart:Forschungsinsti-
      tut Umformtechnik 1980.

[9] Hencky, H.: Über einige statisch bestimmte Fälle des
      Gleichgewichts in plastischen Körpern, Z. angew. Math.
      Mech. (1923) 3, S. 241.

[10] Prandtl, L.: Anwendungsbeispiele zu einem Henckyschen
      Satz über das plastische Gleichgewicht, Z. angew. Math.
      Mech. (1923) 3, S. 401.

[11] Geiringer, H.: Beitrag zum vollständigen ebenen Plastizi-
      tätsproblem, Ber. 3. Internat. Kongr. angew. Mech. Stock-
      holm, 2 (1930) S. 185.

[12] Geiringer, H.: Fonduments mathematiques de la theorie
      des corps plastiques isotropes, Memorial sciences mathe-
      matiques, Academie des sciences de Paris, 1937.

[13] Prager, W.: Probleme der Plastizitätstheorie, Basel und
      Stuttgart: Birkhäuser 1955.

[14] Lee, E. H.: The Theoretical Analysis of Metal Forming
      Problems in Plane Strain, J. appl. Mech., 97 (1952) 19,
      S. 97 - 103.

[15] Prager, W. und Hodge, P. G.: Theorie ideal plastischer
      Körper, Wien: Springer 1954.

[16] Sokolovskij, W. W.: Theorie der Plastizität, Berlin:
      Technik 1955.

[17] Lippmann, H.: Mechanik des plastischen Fließens. Berlin,
      Heidelberg, New York: Springer 1981.

[18] Lippmann, H. u. Mahrenholtz, O.: Plastomechanik der Um-
      formung metallischer Werkstoffe. Berlin, Heidelberg,
      New York: Springer 1967.

[19] Steck, E.: Numerische Behandlung von Verfahren der Um-
      formtechnik. Berichte aus dem Institut für Umformtechnik,
      Universität Stuttgart, Nr. 22, Essen: Girardet 1971.

[20] Lange, K.: Lehrbuch der Umformtechnik, Bd. 1: Grundlagen,
      Bd. 3: Blechumformung. Berlin: Springer 1972.

[21] Hill, R.: The mathematical theory of plasticity, Oxford:
      Clarendon Press, 1950.

[22] Thomsen, E. G., Yang, Ch. T., Kobayashi, S.: Mechanics
      of plastic deformation in metal processing, New York:
      Macmillan 1965.

[23] Ralston, A. u. Wilf, H. S.: Mathematische Methoden für
      Digitalrechner. München, Wien: Oldenbourg 1967.

[24] Bronstein, I. u. Semendjajew, K.: Taschenbuch der Mathe-
      matik. Leipzig: Teubner 1973.

[25] DIN 8584. Fertigungsverfahren Zugdruckumformen. Ausgabe
      April 1971.

[26] Richard, A.: Sonderprobleme der Tiefziehtechnik. techni-
      ca 7 (1958) 15, S. 853 - 856.

[27] Szczepinski, W.: Introduction to the mechanics of plastic
      forming of metals. Alphen aan den Rijn: Sijthoff + Noord-
      hoff 1979.

[28] Siebel, E. u. Beisswänger, H.: Tiefziehen. München: Carl
      Hanser 1955.

[29] Reissner, J.: Die Reibungsbedingungen beim geschmierten
      Tiefziehvorgang, 3. Internationales Kolloquium: "Schmier-
      stoffe in der Metallbearbeitung" an der Technischen
      Akademie Esslingen a. N., Tagungsunterlagen Band I, 1982.

[30] Ismar, H. u. Mahrenholtz, O.: Technische Plastomechanik.
      Braunschweig/Wiesbaden: Vieweg 1979.

[31] Glöckl, H.: Rechnerunterstützte Platinenformermittlung
      beim Tiefziehen. In Tagungsbroschüre: Neuere Entwicklung
      in der Blechbearbeitung. Forschungsgesellschaft Umform-
      technik m.b.H. Stuttgart, 1982.

[32] Mössle, E.: Einfluß der Blechoberfläche beim Ziehen von
      Blechteilen aus Aluminiumlegierungen. Berichte aus dem
      Institut für Umformtechnik, Universität Stuttgart (bis-
      her unveröffentlicht).

Berichte aus dem Institut für Umformtechnik der Universität Stuttgart

Herausgeber Professor Dr.-Ing. Kurt Lange

Die Berichte 1 bis 50 sind zu beziehen durch das Institut für Umformtechnik. Holzgartenstr 17, 7000 Stuttgart 1

Die Berichte 51 und folgende sind zu beziehen durch den Springer-Verlag, Berlin Heidelberg New York Tokyo